実力養成！第1種放射線取扱主任者 重要問題集

福井 清輔 編著

弘文社

まえがき

　本書は，国家資格としての第1種放射線取扱主任者試験を受験される皆さんの試験対策学習用の問題集を提供する目的で用意しました。

　この試験の課目は，「放射線の物理学」，「放射線の化学」，「放射線の生物学」，「放射線の管理測定技術」，および「放射線の関係法令」の5課目からなっています。本書は，課目別の章立てとし，各節（出題テーマ）ごとに8問用意しております。その8問は基礎問題，標準問題，発展問題に分かれており，基礎からはじめて順次高度な内容の学習をしていただけるようにしております。

　学習される課目の順序は，必ずしも本書の順序でなくても，おひとりおひとりに合わせた順序でかまいません。学習されます方にとって取り組みやすい順番で取り組んでいただければ結構です。

　多くの資格試験の合格基準は一般的に60〜70%となっています。放射線取扱主任者試験も全課目平均として60%以上（各課目が50%以上）で合格です。100%の問題の正解を出さなければいけないというものではありません。ですから，「問題をすべて解かなければならない」と思われる必要はありません。コツコツと着実に少しずつ解ける問題を増やしていきましょう。

　合格される方の中には，「すべてを理解してはいなくても，平均的に60%以上の問題について正解が出せる方」が含まれます。逆にいいますと，40%は正解が出せなくても合格できるのです。多くの合格者がこのタイプといってもそれほど過言ではないでしょう。

　合格されない方の中には，「高度な理解力をお持ちであっても，100%を理解しようとして途中で学習を中断される方」も含まれます。優秀な学力をお持ちの方で，受験に苦労される方が時におられますが，およそこのようなタイプの方のようです。

　この資格を目指される多くの皆さんのご奮闘を期待しております。

著　者

目 次

第1種放射線取扱主任者受験ガイド …………………………………6
本書の学習の仕方………………………………………………………11
受験前の心構えと準備…………………………………………………12
試験に臨んで……………………………………………………………13

第1章　放射線の物理学
1　原子・原子核と放射線………………………………………………16
2　核壊変と核反応………………………………………………………23
3　放射線と物質との相互作用…………………………………………32

第2章　放射線の化学
1　放射能と壊変…………………………………………………………42
2　放射平衡………………………………………………………………51
3　放射化と放射化学……………………………………………………62

第3章　放射線の生物学
1　放射線生物作用の特徴と放射線影響の分類………………………72
2　放射性核種による生体への影響（Ⅰ）……………………………84
3　放射性核種による生体への影響（Ⅱ）……………………………94
4　放射線影響に関する各種側面 ……………………………………102

第4章　放射線の管理測定技術
1　放射線の測定 ………………………………………………………114
2　放射線の管理 ………………………………………………………122

第5章　放射線の関連法令
1　法律の体系と放射線障害防止法の総則 …………………………132
2　設備等およびその基準に関する規定 ……………………………142
3　放射線の管理等に関する各規定 …………………………………151

第6章　模擬テスト
　　1　模擬テスト－問題 …………………………………………………160
　　2　模擬テスト－解答 …………………………………………………224
　　3　模擬テスト－解説と解答 …………………………………………230

さくいん ……………………………………………………………………284

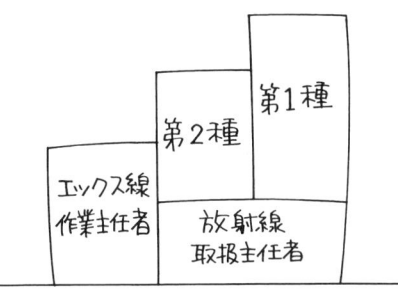

第1種放射線取扱主任者受験ガイド

※本項記載の情報は変更される可能性もあります。
　必ず試験団体に問い合わせて確認してください。

1）放射線取扱主任者

　放射線取扱主任者は，放射性同位元素による放射線障害に関する法律（放射線障害防止法）に基づく資格で，放射性同位元素あるいは放射線発生装置を取り扱う場合において，放射線障害の防止に関し監督を行う立場となります。この資格を取得された方は，放射線に関する基礎知識や専門知識を持った専門家として評価されますので，様々な分野で活躍されることが期待されます。

2）受験資格

　学歴，性別，年齢，経験などの制限は，一切ありません。

3）試験課目と試験時間等

	課目	問題数（試験時間）	問題形式
初日	注意事項，問題配布	9：40～10：00	—
	物理学・化学・生物学	6問（105分） 10：00～11：45	穴埋め（選択肢あり）
	注意事項，問題配布	13：20～13：30	—
	物理学	30問（75分） 13：30～14：45	五肢択一
	注意事項，問題配布	15：20～15：30	—
	化学	30問（75分） 15：30～16：45	五肢択一
二日目	注意事項，問題配布	9：40～10：00	—
	管理測定技術	6問（105分） 10：00～11：45	穴埋め（選択肢あり）
	注意事項，問題配布	13：20～13：30	—
	生物学	30問（75分） 13：30～14：45	五肢択一
	注意事項，問題配布	15：20～15：30	—
	関係法令	30問（75分） 15：30～16：45	五肢択一

この表からおわかりになりますように，105分の試験では6問，75分の試験では30問が出題されます。105分の試験では1問がそれぞれ複数の小問題に分かれ，主に与えられた選択肢から選ぶ形式となっています。これに対して，75分の試験の30問は基本的に五肢択一の形式で，1問あたり平均で2.5分が与えられています。

　いずれにしても，十分に余裕のある試験時間とはいえないと思われますので，できる問題を早めに片づけて，難しい問題により多くの時間を使えるように工夫することも重要な受験技術と言えるでしょう。

4）試験日

例年，8月下旬の2日間で実施

5）試験地（6ヶ所）

札幌，仙台，東京，名古屋，大阪，福岡

6）受験の申込み

●受験申込書の入手

　受験申込書一式を入手する方法は，窓口で入手する方法と郵送による方法とがあります。

●窓口（入手先）一覧

窓口	住所と電話番号
公益財団法人　原子力安全技術センター 防災技術センター	上北郡六ヶ所村大字尾駮字野附1－67
	TEL 0175－71－1185
東北放射線科学センター	仙台市青葉区一番町1－1－30 南町通有楽館ビル4階
	TEL 022－266－8288
独立行政法人　日本原子力研究開発機構 東海研究開発センター　リコッティ	茨城県那珂郡東海村舟石川駅東3－1－1
	TEL 029－306－1155
公益社団法人　日本アイソトープ協会	文京区本駒込2－28－45
	TEL 03－5395－8021
一般社団法人　日本原子力産業協会	港区虎ノ門1－2－8 虎ノ門琴平タワー9階
	TEL 03－6812－7141
北陸原子力懇談会	金沢市尾山町9－13 商工会議所会館3階
	TEL 076－222－6523

勝木書店　本店	福井市中央1−4−18
	TEL 0776−24−0428
中部電力株式会社　浜岡原子力館	静岡県御前崎市佐倉5561
	TEL 0537−85−2424
中部原子力懇談会	名古屋市中区栄2−10−19 名古屋商工会議所ビル6階
	TEL 052−223−6616
公益財団法人　原子力安全技術センター 西日本事務所	大阪市西区靱本町1−9−15 近畿富山会館ビル9階
	TEL 06−6450−3320
一般財団法人　電子科学研究所	大阪市中央区北久宝寺町2−3−6 非破壊検査ビル
	TEL 06−6262−2410
株式会社紀伊國屋書店　梅田本店	大阪市北区芝田1−1−3　阪急三番街
	TEL 06−6372−5821
ジュンク堂書店　姫路店	姫路市豆腐町222　プリエ姫路2F
	TEL 079−221−8280
四国電力株式会社 原子力本部　原子力保安研修所	愛媛県松山市湊町6−1−2
	TEL 089−946−9957
九州エネルギー問題懇話会	福岡市中央区渡辺通2丁目1−82 電気ビル共創館6階
	TEL 092−714−2318

●提出書類
(1) 受験申込書一式
　・放射線取扱主任者試験受験申込書
　・写真票
　・資格調査票
　・郵便振替払込受付証明書
(2) 写真
　　写真票に添付，申込者本人のみのもので，申込前一年以内に脱帽，無背景，正面を向き，上半身で撮影したもの。縦4.5cm×横3.5cm
●受付期間：4月に官報で告示があり，受付期間は5月中旬～6月下旬
●送り先
　　公益財団法人　原子力安全技術センター
　　主任者試験グループ
　　〒112-8604
　　東京都文京区白山5-1-3-101　東京富山会館ビル4F
　　電話：03-3814-7480

　　西日本事務所
　　〒550-0004
　　大阪府大阪市西区靱本町1-9-15　近畿富山会館ビル9F
　　電話：06-6450-3320

(窓口対応時間) 土日祝日を除いて，10：00～12：00，13：00～17：00
　　　　　　　　E-mail：shiken@nustec.or.jp

7）受験料

13,900円（変更される可能性もありますので，毎年の確認が必要です）

8）合格基準

- ●試験科目ごと 50%
- ●全試験科目で 60%

9）合格発表

- ●10月下旬の官報
- ●合格者に合格証の交付（不合格者には通知がありません）
- ●文部科学省のホームページ
  http://www.mext.or.jp
- ●財団法人原子力安全技術センターのホームページ
  http://www.nustec.or.jp

10）第1種放射線取扱主任者に与えられる資格

- ●エックス線作業主任者：第1種放射線取扱主任者免状の交付を受けている場合には，都道府県労働局長に免許交付申請をすることで，（試験を受けずに）エックス線作業主任者免許の交付を受けることができます。
- ●ガンマ線透過写真撮影作業主任者：第1種放射線取扱主任者免状の交付を受けている場合には，都道府県労働局長に免許交付申請をすることで，（試験を受けずに）ガンマ線透過写真撮影作業主任者免許の交付を受けることができます。
- ●作業環境測定士：第1種放射線取扱主任者免状を有し，事業者により第1種放射線取扱主任者に選任されている場合，または，資格取得後に放射性物質の濃度測定の実務に3年以上従事した経験を有する場合には，第1種・第2種作業環境測定士試験の共通科目および第1種作業環境測定士試験の選択科目「放射性物質（放射線）」の受験が免除されます。

他の資格をとる時にも役に立つんだね

本書の学習の仕方

　放射線取扱主任者試験に限りませんが，どの資格試験でもあきらめずにあくまでも続けて頑張ることが重要です。「継続は力なり」と言いますが，まさにそのとおりです。こつこつと努力されれば，たとえ時間がかかっても確実に実力がつきます。ぜひ頑張っていただきたいと思います。

　本書では，5課目のそれぞれをいくつかの節に分け，さらに各節において8問（基礎問題3問，標準問題3問，発展問題2問）を用意しております。本書の学習の方法につきましては，基本的に学習される皆さんが，ご自分の目的やニーズに合わせて，最適と思われる方法で取り組まれることがよろしいでしょう。

　目安として，本書では各節に次のような重要度ランクを設けております。

重要度 A：出題頻度がかなり高く，とくに重要なもの
重要度 B：ある程度出題頻度が高く，重要なもの
重要度 C：それほど多くの出題はないが，比較的重要なもの

　また，各問題にも出題頻度に応じた重要度マークを設けてあります。

　　　　　　マークなし　　　　　　

出題頻度 ― 非常に高い　　出題頻度 ― 高い　　出題頻度 ― 普通

　これらの重要度は，相対的なものではありますが，時間のないときには出題頻度の高いランクのものを優先して取り組むなど，学習にメリハリをつけるために参考にしていただいてもよろしいかと思います。また，巻末には周期表をつけていますので，必要に応じてご活用下さい。

問題に取り組んでみて，解けそうな問題と解けない問題に振り分ける作業も勉強の1つだよね。

受験前の心構えと準備

普通の試験と同じことですが，例えば次のようにご計画下さい。
① 事前の心構え
　　弱点対策を中心に，計画的に学習を進めるようにして下さい。
　　また，体調管理は大事です。受験の時期に風邪などをひかないように十分ご注意下さい。
② 直前の心構え
　　必要なもののチェックリストを作って確認するくらいの準備をして下さい（送付された受験整理票も忘れずに）。
　　試験会場の地図などもよく見ておき，当日にあわてないよう会場の位置などを下調べしておいて下さい。
　　前の日は，睡眠を十分に取りましょう。試験近くなって，残業やお酒の付き合いなどはできる限り避けましょう。
③ 当日の心構え
　　試験会場には，少なくとも開始時間の 30 分程度前には到着するよう出発しましょう。ご自分の席を早めに確認し，また，用便も済ませておきましょう。

試験に臨んで

　試験会場では，はじまる前に深呼吸をして心を落ち着けましょう。試験になったら，時間配分をよく考えましょう。計算問題はそれほど多くないとは思いますが，もしあれば得意な人は先に片付けて，そうでない方は他の問題を先にやって時間を作りましょう。その時でも，後で残していることを忘れないようにしなければなりませんね。

　次にそれぞれの問題では，どのような解答形式になっているのか，何が問われているかをしっかり確認してから，問題文を丁寧に読んで，確実に除外できる選択肢を消してゆきましょう。それでもどうしてもわからない時は，「あてずっぽ」で答えて次の問題に進みます。一問でムヤミに時間を使わないことも一つの受験技術です。ただし，確実に印を付けておいて，後で時間が残った時や忘れていたことを思い出した時にすぐ探せるようにしておきます。

　最後に時間が足りなくなって手をつけていない問題がある場合は，これも解答しないで提出するより，「あてずっぽ」ででも解答しなければなりませんね。勿論，「あてずっぽ」で解答することは最後の最後の手段です。一つの問題に 10 分も 20 分もかけていてはその余裕もなくなってしまいますが，勉強された方なら問題を見ただけで正解が分かってしまう問題も結構あると思います。ですから，必ずしも順番に解かなければならないものでもありません。自信のある問題が目に付いたら，それから片付けていきましょう。そして，自信のなさそうなものを後に残すようにしてゆくことがコツかと思います。

　しかし，その場合には順番に解いていかない場合ですから，当然のことながら，解いた問題と残っている問題とが自分ですぐに分かるように，目印でも付けておかなければなりませんね。

リラックス！
リラックス！

第1章

放射線の物理学

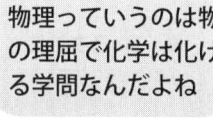

物理っていうのは物の理屈で化学は化ける学問なんだよね

1 原子・原子核と放射線

重要度 **A**

基礎問題

問題 1

SI単位系における基本単位として誤っているものはどれか。

1 K　　2 m
3 g　　4 A
5 s

解説

SI基本単位は次表のようになっています。この中で質量のkgだけは例外的に接頭辞のkがついたものになっていますので，**3**のgは誤りとなります。質量と物質量の違いにもご注意下さい。

表　SI基本単位とその名前の由来

量	名称	記号	名称の由来，語源
長さ	メートル	m	古来の「測る」の語より
質量	キログラム	kg	グラムは「小さな重り」の意から
時間	秒	s	second「第二」から，一時間の一回目の1/60は分で，二回目の1/60を秒としています
電流	アンペア	A	仏の物理学者アンペールから
熱力学的温度	ケルビン	K	英の科学者ケルビンから
物質量	モル	mol	分子（moleculer）から
光度	カンデラ	cd	「獣脂蝋燭」の意のラテン語に由来，カンテラやキャンドル（蝋燭）と同一語源

解答　**3**

問題 2

素粒子関連の物理学に関する記述として，誤っているものはどれか．

1. 電荷 e [C] の粒子が，電場 E [V/m] によって受ける力は，eE [kg·m·s^{-2}] である．
2. 静止質量 m_0 [kg] の粒子の静止質量エネルギーは，m_0 に光速の 2 乗を掛けて計算される．
3. 質量が m であるような粒子の運動量は，質量にその速度を掛けて求める．
4. 電子の静止質量をエネルギーに換算すると 0.251 MeV となる．
5. 光量子の波長を λ [m]，プランク定数を h [J·s] とすると，その速度は光速なので，その運動量 p は，h/λ になる．

解説

1. 単位を確認しておきましょう．
$$[\overset{クーロン}{C}] \times [\overset{ボルト}{V}/m] = [A \cdot s] \times [kg \cdot m \cdot s^{-3} \cdot A^{-1}] = [kg \cdot m \cdot s^{-2}]$$
$$= [\overset{ニュートン}{N}]$$

2. これも記述のとおりです．$E = m_0 c^2 [kg \cdot m^2 \cdot s^{-2} = \overset{ジュール}{J}]$ です．

3. 粒子速度を v [m·s^{-1}]，運動量を p としますと，$p = mv$ [kg·m·s^{-1}] となります．

4. 電子の静止質量をエネルギーに換算しますと 0.511 MeV となります．この数値は覚えておかれるほうがよいでしょう．

5. $E = mc^2 = h\nu$ から，$\lambda \nu = c$ を用いますと，次のようになります．
$$p = h\nu / c^2 \times c = h\nu / c = h / \lambda$$

解答 4

問題 3

原子の成り立ちに関する次の文章に関し，誤っているものはどれか．

1. 中性子数が同じで陽子数の異なる核種を同中性子体という．
2. 質量数が同じで陽子数と中性子数が異なるものを同重体という．
3. 原子質量単位の 1u は，1g をアボガドロ数で割ったものになる．
4. 原子質量単位の 1u は，エネルギーに換算すると 931.5 eV に相当する．
5. トリチウム原子の質量は，ほぼ 2u に等しい．

解説

1～4 それぞれ正しい記述となっています。

5 トリチウム原子は，^{3}H あるいは T と書かれる原子ですので，水素原子（^{1}H）の質量のほぼ 3 倍になります。ほぼ 3u になります。ほぼ 2u に等しいのは，^{2}H あるいは D と書かれる原子（デュートリウム）です。

ここで，水素の同位体についてまとめておきましょう。

表 水素の同位元素

水素の種類	記号	陽子数	中性子数	質量数
水素	H，または，^{1}H	1	0	1
重水素	D，または，^{2}H	1	1	2
三重水素	T，または，^{3}H	1	2	3

解答 5

標準問題

問題 4

静止している電子 1 個の質量をエネルギーに変換する場合，次のどれに近い値となるか。ただし，光速を 3×10^8 m/s，電子の質量を 9.1×10^{-31} kg，1 電子ボルト（eV）を 1.60×10^{-19} J とする。

1　0.05MeV　　2　0.5MeV
3　5.0MeV　　4　50MeV
5　500MeV

解説

物体の質量を m，光の速度を c としますと，変換されるエネルギー E は次式で表わされます。

$$E = mc^2$$

この式を用いるに当たって，次の関係を利用します。

$$1[\mathrm{kg \cdot m^2/s^2}] = 1[\mathrm{J}] = \frac{1[\mathrm{eV}]}{1.60 \times 10^{-19}}$$

したがって，

$$E = 9.1 \times 10^{-31} [\text{kg}] \times (3 \times 10^8 [\text{m/s}])^2$$
$$= \frac{9.1 \times 10^{-31} \times (3 \times 10^8)^2}{1.60 \times 10^{-19} \times 10^6} [\text{MeV}] = 0.51 [\text{MeV}]$$

この辺りの計算は，単位を間違わずにできるように練習をしておきましょう。それぞれの数値に単位を付けて計算しますと，計算上のミスが防ぎやすくなります。

|解答　2|

むつかしい計算問題の解き方については，まず，その分野の基本法則や基本原理を学習しておくことが基本ですね
その上で，問題を解く時に次のように考えたらどうでしょう

1）おおざっぱに問題文を読んでみて，どの分野のものか見てみましょう
2）次に，問題文を熟読しましょう。一文ずつしっかり読んでできるだけ図や表に書いてみて，問題の内容を把握しましょう
3）その分野の基本法則や基本原理を思い出しましょう
4）選択肢をよく見てみよう。選択肢には意外にも多くのヒントがあることがありますよ
5）これらのことを総合して，問題の解き方に迫る努力をしてみましょう

問題 5

原子質量単位 1u は，^{12}C の質量の 1/12 と定義される。アボガドロ数を 6.02×10^{23} とするとき，1u を g 単位で表すとどのようになるか。

1　1.66×10^{-21} g　　2　1.66×10^{-22} g
3　1.66×10^{-23} g　　4　1.66×10^{-24} g
5　1.66×10^{-25} g

解説……………………………………………………………………

^{12}C の 1 個の質量は 1u であり，その 1mol の質量は 12g です。1mol の中にアボガドロ数に当たる 6.02×10^{23} 個の炭素原子 ^{12}C があることになるので，

炭素1個の質量 = 12u = 12 ÷ (6.02 × 10²³)

∴

1u = 1 ÷ (6.02 × 10²³) = 1.66 × 10⁻²⁴ g

この問題は，数値よりも位取りをきっちり計算すべきものとなっていますね。

| 解答 4 |

問題6

物質とエネルギーの変換により，1gの物質が完全にエネルギーになったとき，石炭でいえばおよそ何tに相当するエネルギーを出すか。ただし，光速を 3.0×10^8 m/s，石炭は1g当たり30kJの発熱をするものとする。

1　1,000 t　　2　2,000 t
3　3,000 t　　4　4,000 t
5　5,000 t

解説

物質とエネルギーの変換式は，光速を c として，次のようになります。

$E = mc^2$

したがって，$m = 1g = 10^{-3}$ kg と $c = 3.0 \times 10^8$ m/s から，

$E = 10^{-3} \text{kg} \times (3.0 \times 10^8 \text{m/s})^2 = 9 \times 10^{13}$ J

また，石炭の発熱量が 30kJ/g ということなので，これで割って，

9×10^{13} J ÷ 30kJ/g = 9×10^{13} J ÷ 30×10^{3} J/g ÷ 10^{6} g/t

$= 3 \times 10^{3}$ t

| 解答 3 |

発展問題

問題7

0.4eV のエネルギーを持つ中性子の速度は，次のどれに最も近いか。ただし，中性子の質量を 1.67×10^{-27} kg，$1\text{eV} = 1.60 \times 10^{-19}$ J とする。

1　2.4×10^{-3} m/s　　2　3.6×10^{-3} m/s
3　5.0×10^{-3} m/s　　4　7.6×10^{-3} m/s
5　8.8×10^{-3} m/s

解説 ··

中性子の速度を v[m/s] としますと，運動エネルギー E は，$\frac{1}{2}mv^2$ ですから，

$$0.4\text{eV} \times 1.60 \times 10^{-19} \text{J} \cdot \text{eV}^{-1} = \frac{1}{2} \times 1.67 \times 10^{-27} \text{kg} \times v^2 [\text{m/s}]^2$$

ここで，$1\text{J} = 1\text{kg} \cdot \text{m}^2/\text{s}^2$ ですので，

$$v^2 = 76.8 \times 10^{-6} \text{m}^2/\text{s}^2$$

∴ $v^2 = 8.76 \times 10^{-3} \text{m/s}$

解答　5

問題 8

電荷 e を有する荷電子（質量 m）が電位差 V の電場で加速された場合の速度はどれだけになるか。

1　$\sqrt{\dfrac{2m}{eV}}$　　2　$\sqrt{\dfrac{m}{2eV}}$

3　$\sqrt{\dfrac{eV}{2m}}$　　4　$\sqrt{\dfrac{2eV}{m}}$

5　$\sqrt{\dfrac{2e}{mV}}$

解説 ··

電荷 e を持つ荷電子が電位差 V の電場で加速された場合に得る運動エネルギーは eV となります。一方，質量 m の粒子の速度を v としますと，その運動エネルギーは $\frac{1}{2}mv^2$ となりますから，これらを等しいと置きますと，

$$eV = \frac{1}{2}mv^2$$

これを v について解いて，

$$v = \sqrt{\dfrac{2eV}{m}}$$

解答　4

ちょっと一休み

〈勉強時間のひねり出し方〉

　資格試験の準備のためには，ある程度の学習時間が必要ですね。学生の方は比較的時間が取りやすいと思いますが，社会人の方は時間をひねり出すのが難しい場合が多いのではないでしょうか。

　土曜や日曜の休日を使うことが一般的かも知れませんが，平日の夜の時間や朝早く起きて頑張るという方もおられるかと思います。

　私の例ですが，私は通勤時間を利用していました。そうは言っても満員電車ではとても何もできませんので，時差出勤をしていました。少し早い時間で必ず座れる時に電車に乗りました。電車の中が私の書斎になりました。すると，会社についても始業までの間に新しい時間が生まれてきます。これなども勉強に当てることができました。

　普通には時間のひねり出しはなかなか難しいことと思いがちですが，考えれば，いろいろな工夫があると思います。お体に気をつけて頑張っていただきたいと思います。

2 核壊変と核反応

重要度 A

第1章 放射線の物理学

基礎問題

問題 1

内部転換,あるいは軌道電子捕獲壊変に関する文章のうち,正しいものはどれか。
1. 内部転換は β 壊変に属するものである。
2. 内部転換は原子番号の大きいものほど起こりやすい。
3. 軌道電子捕獲壊変とは,原子核内の中性子が軌道の電子を捕えて陽子に変わり,ニュートリノを放出する現象である。
4. 軌道電子捕獲壊変の結果,原子核から特性X線が放出される。
5. 軌道電子捕獲壊変と β^- 壊変とは,競合過程である。

解説
1. 内部転換は β 壊変に属するものではありません。核異性体転移や壊変後の娘核種が励起状態の場合に起こるものです。軌道電子捕獲壊変や α 壊変に伴うこともあります。
2. これは記述のとおりです。内部転換は原子番号の大きいものほど起こりやすくなっています。
3. 電子捕獲壊変は,原子核内の陽子が軌道の電子を捕えて中性子に変わり,ニュートリノを放出することです。中性子(電荷±0)が電子(電荷−1)を捕えても,電荷的に陽子(電荷+1)にはなりませんね。
4. 電子捕獲壊変の結果,原子核の陽子が軌道電子を捕まえ,空軌道になった部分に電子が遷移します。この際に特性X線が放出されます。「原子核から特性X線が放出される」は誤りです。
5. β^- 壊変と電子捕獲壊変は競合過程ではありません。β^+ 壊変と電子捕獲壊変が競合過程です。

解答 2

「壊変とは聞き慣れない言葉ですね」

「そうですね 崩壊して変化することだと考えればよいのではないかな」

問題2

β^+壊変を表現する式として正しいものはどれか。ただし，n, p, β^-, β^+, ν, $\bar{\nu}$ はそれぞれ，中性子，陽子，陰電子，陽電子，ニュートリノ，反ニュートリノを示すものとする。

1 $p \to n + \beta^- + \bar{\nu}$　　2 $p \to n + \beta^- + \nu$
3 $p \to n + \beta^+ + \bar{\nu}$　　4 $p \to n + \beta^+ + \nu$
5 $p \to n + \beta^+$

解説……………………………………………………………………………

β^+壊変とは，中性子が相対的に足りない（陽子が過剰な）原子核において，陽子pが中性子nに変化して安定になる変化です。その際に，陽電子とニュートリノを放出します。したがって，正解は4となります。

解答　4

問題3

放射線壊変には多くの様式があるが，それぞれの原子番号や質量数の変化についてまとめた表において，誤っているものはどれか。

選択肢	壊変様式	原子番号の変化	質量数の変化
1	α 壊変	-2	-4
2	β^- 壊変	$+1$	0
3	β^+ 壊変	-1	-1
4	軌道電子捕獲	-1	0
5	核異性体転移	0	0

解説

α壊変については，ヘリウム原子核が飛び出しますので，問題にありますように，原子番号が2つ減り，質量数が4つ減るという変化となります。

しかし，2～5のβ壊変については，陽子と中性子の相互変化であったり，電子の変化であったりと，基本的に質量数は変化しません。3のβ⁺壊変の質量数変化も0でなければなりません。

正しい表を掲載します。いま一度，確認をお願いします。

選択肢	壊変様式	原子番号の変化	質量数の変化
1	α壊変	−2	−4
2	β⁻壊変	+1	0
3	β⁺壊変	−1	0
4	軌道電子捕獲	−1	0
5	核異性体転移	0	0

解答　3

標準問題

問題4

質量数180である原子核のα壊変において，4MeVのα線が放出される場合，生成娘核種の受ける運動エネルギーはどれだけか。もっとも近いものを選べ。

1　0.09MeV　　2　0.19MeV
3　0.29MeV　　4　0.39MeV
5　0.49MeV

解説

壊変後の娘核種の質量をM_d，α粒子の質量をM_aとし，それぞれの速度をv_d，およびv_aとしますと，運動量保存則により，次式が成り立ちます。

$$M_d v_d = M_a v_a$$

2　核壊変と核反応

また，それぞれの運動エネルギーは次のようになります。

$$E_d = \frac{1}{2} M_d v_d^2 \qquad E_\alpha = \frac{1}{2} M_\alpha v_\alpha^2$$

これを，E_dについて解きますと

$$E_d = E_\alpha \frac{M_\alpha}{M_d}$$

本問では，$E_\alpha = 4\text{MeV}$，$M_\alpha = 4$，$M_d = 180 - 4 = 176$ となりますので，

$$E_d = 4 \times \frac{4}{176} = 0.091 \text{MeV}$$

E_dについて解く計算は，たとえばE_dとE_αの比をとって，

$$\frac{E_d}{E_\alpha} = \frac{\frac{1}{2} v_d v_d^2}{\frac{1}{2} v_\alpha v_\alpha^2} = \frac{v_d v_d^2}{v_\alpha v_\alpha^2} = \frac{v_\alpha}{v_d} \frac{(v_d v_d)^2}{(v_\alpha v_\alpha)^2} = \frac{v_\alpha}{v_d}$$

解答　1

α線は単一エネルギーの粒子ビームだけど
β線はβ⁺線もβ⁻線もエネルギーは
連続分布をしているそうですよ

問題5

原子核において起こる次の現象のうち，その前後において最も原子番号が大きく変化するものはどれか。

1　核異性体転移　　　2　α壊変
3　電子捕獲　　　　　4　自発性分裂
5　陰電子放出

解説

原子番号の変化とは，基本的に陽子数の変化です。
　1の核異性体転移というのは，核の中で陽子と中性子の数は変化しないものの，その配列（配置）が変わる変化です。したがって，原子番号は変化しません。

2 の α 壊変は，ヘリウム原子核が飛び出す変化ですので，原子番号は 2 だけ減ります。

3 の電子捕獲は，核の中の陽子が電子を捕まえて中性子になりますので，原子番号が 1 だけ減ります。

4 の自発性分裂は，約半分程度の二つの核に変わる現象です。^{252}Cf のような大きな元素で起きますので，質量数 252 が 100〜150 程度のものへの変化ということで，その変化の大きさ（原子番号の変化）もかなり大きなものになります。

5 の陰電子放出は中性子が過剰の核において，中性子が陽子に変化するものですので，原子番号が 1 だけ増えます。

解答　4

問題 6

静止している質量 M の三重水素 ^{3}H に対して，質量 m の中性子 n が弾性衝突する場合，中性子の衝突前速度を v とすると，衝突後の中性子の速度はどれだけになるか。

1　$\dfrac{\frac{m}{M}+1}{\frac{m}{M}-1}v$　　2　$\dfrac{\frac{m}{M}-1}{\frac{m}{M}+1}v$　　3　$\dfrac{1-\frac{m}{M}}{\frac{m}{M}+1}v$

4　$\dfrac{1-\frac{M}{m}}{\frac{M}{m}+1}v$　　5　$\dfrac{\frac{M}{m}-1}{\frac{m}{M}+1}v$

解説

対象が素粒子ではありますが，弾性衝突と言われていますので，通常の物理学（ニュートン力学）の扱いで構いません。

衝突後の中性子の速度を v'，^{3}H の速度を V' として，運動量保存則と運動エネルギー保存則の二つの式を立てます。

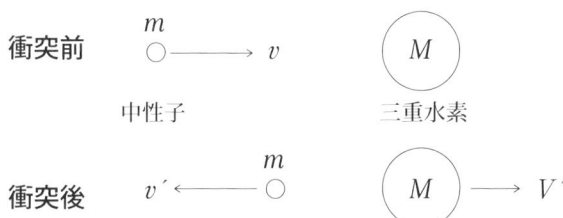

|運動量保存則|
$$mv = mv' + MV' \cdots\cdots①$$
|運動エネルギー保存則|
$$\frac{1}{2}mv^2 = \frac{1}{2}mv'^2 + \frac{1}{2}MV'^2 \cdots\cdots②$$

以上の二つの式を求めるべき v' について解きますと，次のようになります。手続きとしては，①式を V' について解いて②式に代入して v' について整理します。

$$v' = \frac{\frac{m}{M} - 1}{\frac{m}{M} + 1} v$$

これによって正解は，**2** となることがわかります。

一方，このような計算をせずに，考察によって正解を求めることもできます。まず，仮に質量が等しいものの衝突（$M = m$）においては，運動量がすべて当たったものに伝わるはずですので，

$v' = 0$
$V' = v$

となるはずです。これで **1** が消えます。次に，極めて大きいもの（$M \gg m$）の場合には，完全に跳ね返されて，

$v' = -v$

となるはずです。つまり，$\frac{m}{M} = 0$ として，$v' = -v$ になる式は，**2** だけになります。本問は，質量の異なるものの問題ですが，質量を等しいと置いた時でも不合理でないことが必要ですのでこのような検算ができるはずです。

|解答　2|

アインシュタインはニュートン以来の力学の分野に大きな一石を投じたんですね

なにしろドイツ語で1はアイン石はシュタインといいますからね

発展問題

問題 7

原子番号が Z，質量数が A であるような原子核に d（重水素）を当てて起きた反応として，正しいものはどれか。

1. $^A_Z X + d \rightarrow {}^A_Z X + p + n$
2. $^A_Z X + d \rightarrow {}^A_{Z+1} Y + p + n$
3. $^A_Z X + d \rightarrow {}^A_{Z-1} Z + p + n$
4. $^A_Z X + d \rightarrow {}^{A+1}_Z X + p + n$
5. $^A_Z X + d \rightarrow {}^{A-1}_Z X + p + n$

解説

原子番号が Z，質量数が A であるような核種は，$^A_Z X$ と書かれます。Z は核の中の陽子の数でもあり，A は，核の中の陽子と中性子の数の和と言えます。

また，与えられている d, p, および n は，それぞれ，重水素, 陽子, 中性子ですから，このような書き方をしますと，$^2_1 d$, $^1_1 p$, および $^1_0 n$ となります。これらの情報を入れて，反応後の未知の核を $^x_y W$ と書いてみますと，次のようになります。

$$^A_Z X + {}^2_1 d \rightarrow {}^x_y W + {}^1_1 p + {}^1_0 n$$

このような式において，質量数と電荷数（原子番号数）はそれぞれ保存されるはずですので，それぞれの保存式を立てますと，

質量数：$A + 2 = x + 1 + 1$
電荷数：$Z + 1 = y + 1 + 0$

これらの式より，

$x = A$
$y = Z$

であることがわかります。したがって，正解は **1** ですね。

解答　1

問題8

^{137}Cs（放射能 1.0MBq）から放出される γ 線数として正しいものはどれか。ただし、半減期30年の ^{137}Cs からの β^- 壊変は次の2種があり、全内部転換係数を0.11とする。

A) ^{137}Cs → ^{137m}Ba （確率94％）
B) ^{137}Cs → ^{137}Ba （確率6％）

1　8.0×10^4　　2　8.5×10^5
3　8.3×10^6　　4　8.8×10^7
5　9.0×10^8

解説

内部転換は、γ 線として放出するエネルギーを軌道電子に与えて、これを原子外に叩き出す現象です。そこで放出された電子を内部転換電子といいます。内部転換の生起確率を電子数と γ 線として放射される数との比で表して内部転換係数といいます。

内部転換係数を α としますと、放出される γ 線数を λ_γ、内部転換電子数を λ_e として、α は次のように定義されます。

$$\alpha = \lambda_e / \lambda_\gamma$$

つまり、内部転換反応当たり γ 線が放出される確率は次のようになります。

$$\frac{\lambda_\gamma}{\lambda_\gamma + \lambda_e} = \frac{1}{1+\alpha}$$

この問題では、94％の確率で ^{137m}Ba が生じ、そのうち $\frac{1}{1+\alpha}$ の割合で γ 線が放出されることになります。

これらにより、放射能1.0MBq の ^{137}Cs から放出される γ 線数を求めますと、

$$1.0 \times 10^6 \times 0.94 \times \frac{1}{1+0.11} = 8.47 \times 10^5 \, \text{s}^{-1}$$

解答　2

ちょっと一休み

〈キュリー夫人と放射線〉

　先駆的な女性科学者として有名なキュリー夫人は、放射性ラジウムの発見と分離によって、ノーベル賞を二度も受賞するほどの偉大な科学者でした。しかし、放射性物質研究の初期の時代の中で、人体への放射線の影響などの知見のほとんどない時期に、寝食を忘れるほどの研究生活で、放射線の被ばくもかなりのものであったと思われています。キュリー夫人は最後に再生不良性貧血という放射線障害による病で亡くなりました。

皆さんは私のように放射線にさらされないようにしてね

3 放射線と物質との相互作用

重要度 B

基礎問題

問題1

γ線がある鉛板に入射したときの半価層が 1.0cm であったとすると，この時の質量減弱係数として最も近いものはどれか。ただし，鉛の密度を 11.4g・cm^{-3} とする。

1　0.02cm^2・g^{-1}　　2　0.03cm^2・g^{-1}　　3　0.04cm^2・g^{-1}
4　0.05cm^2・g^{-1}　　5　0.06cm^2・g^{-1}

解説

半価層を $x_{1/2}$ と書くと，線減弱係数 μ との間に次の関係があります。

$$\mu x_{1/2} = \ln 2$$

したがって，

$$\mu = \ln 2 \div x_{1/2} = 0.693 \div 1.0 \text{cm} = 0.693 \text{cm}^{-1}$$

求める質量減弱係数 μ_m は，これを密度で割ったものですので，

$$\mu_m = 0.693 \text{cm}^{-1} \div 11.4 \text{g・cm}^{-3} = 0.061 \text{cm}^2 \text{・g}^{-1}$$

解答　5

問題2

電子対生成に関する次の文章において，正しいものはどれか。

1　電子対生成で生じた陰電子と陽電子の運動エネルギーの和は，入射した電磁放射線のエネルギーに等しい。
2　電子対生成の断面積は，物質の原子番号には無関係である。
3　電子対生成による線減弱係数は，光子エネルギーの増大とともに大きくなる。
4　消滅放射線が発生するのは，電子対生成の起きた場所においてである。
5　電子対生成が生じると，特性X線が放射される。

解説……
　電磁放射線のエネルギーが1.02MeV（電子2個の静止エネルギー）を超えるレベルになりますと，電磁放射線が原子の近くを通過する際に，原子核のクーロン場（電場）で光子が消滅して，電子（通常の電子，陰電子）と陽電子が一対生成することになります。これが電子対生成です。

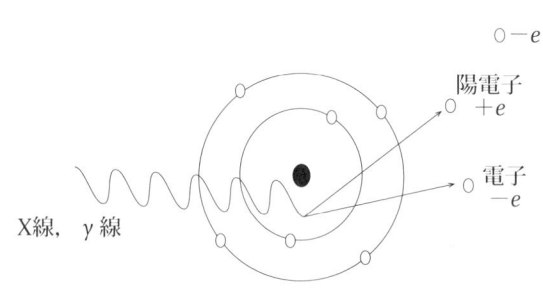

図　電子対生成

1　入射電磁放射線のエネルギーは，生じた二つの電子の運動エネルギーの他に，これらの電子の質量エネルギー（0.511MeV×2 = 1.022MeV）にもなります。記述は誤りです。
2　これも誤りです。電子対生成断面積（現象の起こる確率）は，物質の原子番号（電子数）の2乗に比例しますので，無関係ではありません。
3　これが正しい記述です。電子対生成による線減弱係数は，光子エネルギーの増大とともに大きくなります。
4　消滅放射線が発生するのは，電子対生成の起きた場所ではなくて，陽電子が飛んでいって電子（陰電子）とぶつかったところです。
5　電子対生成が起きて放出されるのは，特性X線ではなくて，陽電子が電子と合体して放出される消滅放射線です。

解答　3

これら陽電子と電子が衝突して合体すれば
これらの静止質量に相当する0.51MeVのエネルギーを
持った光（光子）が二つ正反対の方向に放射されて
物質としては消滅するんですね

宇宙のはじまりの前は，こういう消滅や
逆に物質と反物質が生まれることが繰り返されていたらしいですね
なので，宇宙が始まる前は「何もなかった」というよりも
このような状態を『無』と呼んで，
「こういう『無』があった」と表現されるらしいですね

問題 3

中性子に関する記述として，正しいものはどれか。
1 中性子は，熱中性子，熱外中性子，光速中性子などに区分される。
2 中性子は，原子核と核反応を起こす。
3 速い中性子は，おもに軌道電子との相互作用によってエネルギーを失いやすい。
4 真空中において，熱中性子は一般に安定である。
5 原子を直接電離して陽イオンを生成する。

解説……………………………………………………………………………

1 光速中性子という区分はありません。正しくは，高速中性子です。中性子は，熱中性子，熱外中性子，高速中性子（速い中性子，速中性子）などに区分されます。
2 これが正しい記述です。中性子には電荷がありませんので，クーロン力で相互作用をしませんが，衝突することによって原子核と核反応を起こします。
3 中性子は電荷を持ちませんので，荷電粒子とクーロン力を及ぼし合いません。原子核に物理的に衝突することはあっても，電子との相互作用は起こしにくくなっています。
4 熱中性子は，半減期約12分で電子と反ニュートリノを放出して，陽子に壊変します。

5 陽イオンを生成するためには，電子を原子核の影響範囲から追い出さなければなりませんが，中性子は無荷電ですので電子との相互作用を直接には行いません。

解答 2

標準問題

問題 4

500GBq の放射能を有する ^{137}Cs（半減期 30.04 年）の質量はどのくらいか。最も近いものを選べ。

1　0.11g　　2　0.16g
3　0.24g　　4　0.32g
5　0.43g

解説……………………………………………………………………

原子個数を N としますと，1Bq とは，毎秒 1 壊変する放射能ですので，次式の A に当たります。

$$A = -dN/dt = \lambda N$$

つまり，$A = 500 \times 10^9$ Bq

また，^{137}Cs の質量を M としますと，次のような関係があります。ここで 6.02×10^{23} はアボガドロ数［個/mol］です。個数 N が［個/mol］×［g］/［g/mol］で求まることをご確認下さい。

$$A = \lambda N = \lambda \times 6.02 \times 10^{23} \times M / 137$$

一方，この壊変定数 λ と半減期は次の関係にあります。

$$T = \ln 2 / \lambda = 0.693 / \lambda$$

よって，$T = 30.04$ 年 $= 9.47 \times 10^8$ s なので，

$$\lambda = \ln 2 \div T = 0.693 \div (9.47 \times 10^8 \text{s}) = 7.318 \times 10^{-10} \text{s}^{-1}$$

よって，これと A を質量 M の含まれる式に代入しますと，

$$500 \times 10^9 \text{Bq} = 7.318 \times 10^{-10} \text{s}^{-1} \times 6.02 \times 10^{23} \times M / 137$$

∴

$$M = 0.155 \text{g}$$

解答 2

問題 5

入射光子がコンプトン散乱した結果，散乱角 60°の時に散乱光子のエネルギーとコンプトン電子のエネルギーが等しかったという。この場合，入射光子のエネルギーとして最も近いものはどれか。

1　1.0MeV　　2　2.0MeV　　3　3.0MeV
4　4.0MeV　　5　5.0MeV

解説

コンプトン散乱において，入射光子のエネルギー $h\nu$ と散乱光子のエネルギー $h\nu'$ との間には，散乱角を θ として，次のような関係があります。ここで m_0c^2 は電子の静止質量に相当するエネルギー（≒0.51MeV）です。

$$h\nu' = \frac{h\nu}{1+\dfrac{h\nu}{m_0c^2}(1-\cos\theta)}$$

本問で，散乱光子のエネルギーとコンプトン電子のエネルギーが等しいということは，エネルギー $h\nu$ が散乱光子とコンプトン電子に等しく分配されたということですので，

$h\nu' = h\nu/2$

この情報と，$\cos\theta = \cos 60° = 0.5$ を用い，先の式に代入しますと，

$$\frac{1}{2} = \frac{1}{1+\dfrac{h\nu}{0.51}(1-0.5)}$$

$0.51 ≒ 0.5$ として，$h\nu$ を求めますと，

$h\nu = 1.0\mathrm{MeV}$

解答　1

衝突の前後で運動エネルギーの総和が保存される散乱を弾性散乱といいますぞ

周りの美人が気になって気が散ることは女性散乱というんですか？

問題6

中性子に関する記述として，誤っているものはどれか。
1 中性子は，光子と同様に，回折現象を起こす。
2 速い中性子は，重い原子核より軽い原子核によって減速されやすい。
3 速い中性子は，おもに軌道電子との相互作用によってエネルギーを失いやすい。
4 中性子は，原子核と核反応を起こす。
5 核分裂中性子の平均エネルギーは，およそ2MeV程度である。

解説……………………………………………………………………

1 中性子も波の性質を持っていますので，とくに低エネルギーの中性子ほど回折現象を起こします。
2 これも記述のとおりです。速い中性子は，重い原子核より軽い原子核によって減速されやすいです。
3 中性子は電荷を持ちませんので，荷電粒子とクーロン力を及ぼし合いません。原子核に物理的に衝突することはあっても，電子との相互作用は起こしにくくなっています。
4 正しい記述です。中性子には電荷がありませんので，クーロン力で相互作用をしませんが，衝突することによって原子核と核反応を起こします。
5 これも正しい記述です。核分裂中性子の平均エネルギーは，およそ2MeV程度となっています。

解答 3

発展問題

問題7

同一速度の二つの重荷電粒子の，同じ物質中における飛程と，それらの質量，および，電荷（原子番号）との関係について正しいものはどれか。
1 質量および電荷のそれぞれに反比例する。
2 質量の2乗に正比例し，電荷に反比例する。
3 質量に正比例し，電荷の2乗に反比例する。
4 質量および電荷のそれぞれの2乗に正比例する。
5 質量および電荷のそれぞれの2乗に反比例する。

解説

飛程 R は，重荷電粒子のエネルギー E の2乗に比例し，重荷電粒子の質量 M，電荷 Z の2乗，物質の密度 ρ に反比例します。本問を解くために，この知識は必要になります。比例記号 $\propto$ を用いてこれを式にしますと，

$$R \propto E^2 / \rho M Z^2$$

本問では，同一速度ということですから，その速度を V としますと，運動エネルギー $E = (1/2)MV^2$ によって，E を消去して，

$$R \propto E^2 / \rho M Z^2 \propto (MV^2)^2 / \rho M Z^2 = MV^4 / \rho Z^2$$

ρ および V は一定ですので，結局，次のようになります。

$$R \propto M / Z^2$$

|解答　3|

問題8

電磁放射線は物質中に入射すると，その強さが次式のような指数関数で減衰する。

$$I = I_0 \exp(-\mu x)$$

ここで，x [cm] は入射深さ，μ は減弱係数である。この式は，深さ x まで相互作用を起こさずに通過する光子の割合を示すものと見ることもできる。相互作用を起こさない距離の平均値はどのような値になるとみられるか。ただし，$I_0 \exp(-\mu x)$ という割合をもとにする平均値 $\bar{x}$ は次式で求められるものとする。

$$\bar{x} = \frac{\int_0^\infty x \exp(-\mu x)\, dx}{\int_0^\infty \exp(-\mu x)\, dx}$$

1 　μ 　　2 　μ^2 　　3 　μ^3

4 　$\dfrac{1}{\mu}$ 　　5 　$\dfrac{1}{\mu^2}$

解説

この問題は，要するに $\bar{x}$ を求める式を計算しなさいということになりそうですね。つまり，積分の計算ですが，がんばって挑戦してみますか。ただし，積分計算をパスされたい方は平均値の結果だけでも覚えておかれるとよいでしょう。たとえば，「平均値は exp の中の $-\mu x$ の絶対値が1に

なるような長さ」などと覚えましょう。

では，積分の計算を順次してみます。まずは，相対的に楽な方からということで，分母から行います。

$$\int_0^\infty \exp(-\mu x)\,dx = \frac{1}{\mu}[\exp(-\mu x)]_0^\infty$$
$$= \frac{1}{\mu}\{\exp(-\mu \times \infty) - \exp(-\mu \times 0)\} = \frac{1}{\mu}$$

ここで $\exp(-\mu x \infty)$ という書き方は（数学的には若干問題ですが），x が ∞ に近づいたことを表すと思って下さい。$\exp(-\infty) \to 0$ と $\exp(0) = 1$ からこれが導かれます。次に，分子の積分ですが，これは部分積分という手法を使います。最初に積分記号の中の $\exp(-\mu x)$ を積分して進めますと，最初の項は結局0になりますので，

$$\int_0^\infty x \exp(-\mu x)\,dx = \left[-\frac{1}{\mu}x\exp(-\mu x)\right]_0^\infty - \int_0^\infty \left\{-\frac{1}{\mu}\exp(-\mu x)\right\}dx$$
$$= \frac{1}{\mu}\left[-\frac{1}{\mu}\exp(-\mu x)\right]_0^\infty = \frac{1}{\mu^2}$$

以上によって，分子と分母に結果を代入しますと，次のようになります。

$$\bar{x} = \frac{1}{\mu}$$

これにより，正解は **4** ということになります。

解答　4

$I = I_0 \exp(-\lambda t)$
この形の指数関数にはいろいろなところでお目にかかりますね

ちょっと一休み

〈音域の使い分け〉

　私たち人間の耳が聞き分けられる音の周波数は、20Hz（ヘルツ）から2万Hzくらいですが、コウモリはそれを超える3万Hzから9〜12万Hz程度までの超音波を発して、飛行の際の障害物の有無を察知するそうです。一方、ゾウは人間に聞こえず遠方まで届きやすい20Hz以下の周波数の音を使って仲間と連絡を取り合うそうです。まさか、協定をしたわけではないでしょうが、周波数の領域を分けて使っているのは、面白いことだと思います。コウモリやゾウは、他の動物に気づかれないように音域を外しているのかもしれませんね。

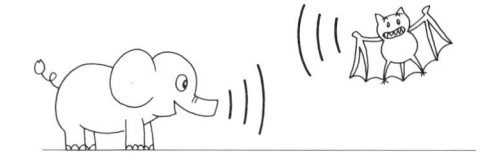

第2章
放射線の化学

1 放射能と壊変

重要度 **A**

基礎問題

問題 1

質量数が M，放射能が X，半減期が $T_{1/2}$ であるような放射性核種の質量は次のどれになるか。正しいものを選べ。

1. $M \cdot X \cdot T_{1/2} \times 1.2 \times 10^{-23}$ [g]
2. $M \cdot X \cdot T_{1/2} \times 2.4 \times 10^{-23}$ [g]
3. $M \cdot X \cdot T_{1/2} \times 2.4 \times 10^{-24}$ [g]
4. $(M \cdot X / T_{1/2}) \times 2.4 \times 10^{-23}$ [g]
5. $(M \cdot X / T_{1/2}) \times 2.4 \times 10^{-24}$ [g]

解説

まず壊変定数 λ は，$\ln 2 / T_{1/2}$ であり，原子数 N は，放射能 X を λ で割ったものですので，

$$N = X / \lambda = X \cdot T_{1/2} / \ln 2 \ [個]$$

これを質量 W [g] に換算します。質量数が M [g / mol] ですので，アボガドロ数を N_A [個 / mol]（$= 6.0 \times 10^{23}$）として，

$$W = M \cdot N / N_A = M \cdot X \cdot T_{1/2} / (\ln 2 \cdot N_A)$$
$$= M \cdot X \cdot T_{1/2} / (0.693 \times 6.0 \times 10^{23})$$
$$= M \cdot X \cdot T_{1/2} \times 2.4 \times 10^{-24} \ [g]$$

これを公式として覚えておかれると（2.4 と -24 は数字が共通していて覚えやすいと思われますし，）便利かと思います。

解答 3

問題 2

壊変系列に関する次表内の下線部の中で誤っているものはどれか。

	系列名	質量数表記	出発物質	最終物質
1	トリウム系列	$4n$	^{232}Th	^{208}Pb
2	アクチニウム系列	$4n+3$	3 ^{236}U	^{207}Pb
4	ウラン系列	$4n+2$	^{238}U	^{206}Pb
5	ネプツニウム系列	$4n+1$	^{237}Np	^{205}Tl

解説……

どこがおかしいかを見抜けるように何度も見ておきましょう。3が^{236}Uになっていますが，質量数236では，$4n+3$という系列の数字になりませんね。つまり，^{236}Uと^{207}Pbの質量差29が4の倍数でないことを見抜きましょう。正しくは，ここは^{235}Uでなければなりません。他の$4n$～$4n+1$などについても，出発物質と最終物質がともに質量数としてこの表記に合致しているかどうか確認しておいて下さい。

正しい表として再掲しますと，次のようになります。

表　放射性核種の系列

系列名	質量数表記	出発物質	最終物質
トリウム系列	$4n$	^{232}Th	^{208}Pb
アクチニウム系列	$4n+3$	^{235}U	^{207}Pb
ウラン系列	$4n+2$	^{238}U	^{206}Pb
ネプツニウム系列	$4n+1$	^{237}Np	^{205}Tl

解答　3

問題3
　化学元素に関する次の文章において，誤っているものはどれか。
1　酸素族を別名カルコゲン元素ともいう。
2　原子番号の大きい元素の中には，歴史的な科学者の名前から付けられたものも多いが，ノーベリウムNbは，アクチノイド元素である。
3　アスタチンはハロゲン元素である。
4　鉛は炭素族の一元素である。
5　ビスマスは窒素と同族の元素である。

解説

1 酸素族はカルコゲン元素（鉱石を作る元素の意）ともいわれます。O-S-Se-Te-Po（あまり良い覚え方がありませんが，「オッセテポ」くらいでしょうか）の順になっています。このうち，S-Se-Te の3元素を硫黄族という言い方をする場合もあります。

2 ノーベリウムが，アクチノイド元素であることは正しいことですが，ノーベリウムの記号は Nb ではなくて，No となっています。Nb はニオブですね。

3 これも記述のとおりです。アスタチン At は最も重いハロゲン元素に当たります。ハロゲン元素は，F-Cl-Br-I-At の順になっています。Br は臭素，I はよう素，At はアスタチンです。人によって工夫されるとよいのですが，たとえば，「袋破ろうよ，明日」などと覚えます。マニアックな人の中には「ふっくらブラジャー愛のあと」などと色っぽい覚え方をする人もいるようです（笑）。

なお，「アスタチンは最も重いハロゲン元素である」とされていましたが，近年見つかったウンウンセプチウム（原子番号 117）が新たにハロゲンの系列の最下段に位置していますので，その言い方は変更が必要のようです。

4 やはり記述のとおりです。炭素族は，次の一連のシリーズの元素ですね。C-Si-Ge-Sn-Pb「堪慶に下衆なし」堪慶は，鎌倉時代の彫刻家であった運慶快慶と並ぶ大家の堪慶（運慶の長男）です。そのような芸術家に下衆な作品はないという，覚え方なのでしょう。Ge はゲルマニウム，Sn は錫ですね。

5 窒素族は次のようになっています。N-P-As-Sb-Bi（塵一つに蟻はびっくり）蟻は小さい生き物なので，ちいさい塵（ごみ）にもびっくりするということなのでしょう。As はひ素，Sb はアンチモンですね。

その他の族の覚え方を追記しておきます。

● アルカリ金属：金属には含めない水素をも含めて H-Li-Na-K-Rb-Cs-Fr となっています。覚え方として，「推理半ばで留守と言ふ」というのが有名です。「言ふ」の「ふ」が凝っていますね。

● アルカリ土類金属：アルカリ土類金属は次の系列からなっています。Be-Mg-Ca-Sr-Ba-Ra「弁にて任す薔薇の花」花弁で判断する薔薇の花ということになりますでしょうか。

標準問題

問題 4

放射性壊変現象に関する次の記述において，誤っているものはどれか。

1. 放射性核種の平均寿命をτとすれば，τは壊変定数λとの間に次の関係がある。
   $$\lambda + \tau = 1$$
2. 一つの放射性核種が複数の壊変をすることを分岐壊変といい，分岐壊変の複数の壊変定数を部分壊変定数というが，この核種の崩壊を表す全壊変定数はすべての部分壊変定数の和となる。
3. 壊変定数がλであるような放射性核種について，ある時刻における放射能がAであったとすると，それより時間tだけ前の放射能A_0は次のように表される。
   $$A_0 = A \exp(\lambda t)$$
4. 放射能が同一の二つのケースにおいて，原子核の数は半減期に比例する。
5. 半減期36.1分の^{211}Pbが1gあるとき，この放射能は9.1×10^{17}Bqである。

解説

1. 記述は誤りです。平均寿命は半減期Tで表しますと，次のようになります。
   $$\tau = T / \ln 2$$
   一方，
   $$\lambda = \ln 2 / T$$
   ですから，これらから，$\lambda \tau = 1$が導かれます。
2. 壊変定数の意味は，単位時間に崩壊する確率を表しますので，個々の壊変確率の和が全体の壊変確率に等しくなります。
3. これも記述のとおりです。「時間tだけ後」は$A_0 = A \exp(-\lambda t)$になりますが，「時間tだけ前」はtの代わりに$-t$を代入すればよいので，$A_0 = A \exp(\lambda t)$となります。

4 放射能は原子核数 N と壊変定数 λ の積になります（基本の微分方程式を思い出しましょう）。λN が一定であれば，原子核の数 N は壊変定数 λ に反比例します。一方，λ は半減期と反比例の関係にありますので，原子核の数 N と半減期とは比例関係となります。

5 若干の計算を要しますが，半減期を $T_{1/2}$ としますと，36.1分 = 2,166s ですので，壊変定数 λ は，

$$\lambda = \ln 2 / T_{1/2} = 0.693 / 2,166\mathrm{s} = 0.00032\mathrm{s}^{-1}$$

また，1g の ^{206}Hg を原子数に換算して，（アボガドロ数 6×10^{23}）

$$(1\mathrm{g} / 211) \times 6 \times 10^{23} = 2.84 \times 10^{21}$$

ゆえに，放射能 R [Bq] は，壊変率そのものですので，次のように正しいものとなっています。

$$R = -\frac{dN}{dt} = \lambda N = 0.00032\mathrm{s}^{-1} \times 2.84 \times 10^{21} = 9.1 \times 10^{17}\mathrm{s}^{-1}$$

解答　1

問題 5

^{137}Cs（放射能 100GBq）の線源を用いている工場で，その放射能が 80％に低下したときに線源交換を行う規則になっている。その交換周期に最も近いものはどれか。ただし，^{137}Cs の半減期は 30.1 年とする。また，$\ln 2 = 0.693$，$\ln 10 = 2.303$ を用いてよい。

1　4.2 年　　2　6.2 年
3　7.0 年　　4　9.7 年
5　11.8 年

解説……………………………………………………………………………

壊変定数 λ であるような放射性核種の壊変基礎式は，原子数を N として，次のとおりですが，

$$\frac{dN}{dt} = -\lambda N$$

これを解いた解は，次のようになります。N_0 は初期値です。

$$N(t) = N_0 e^{-\lambda t}$$

これと同じ意味で，半減期 T を用いた式として次式があります。

$$N(t) = N_0 (1/2)^{t/T}$$

本問で，初期値が与えられていますが，この問題を解くのに直接は関係ありません。放射能が 80% になる時間を t としますと，半減期 T を用いた式から，$T = 30.1$ を用いて，

$$0.8 N_0 = N_0 (1/2)^{t/30.1}$$
$$0.8 = (1/2)^{t/30.1}$$

逆数にして，

$$10/8 = 2^{t/30.1}$$

両辺の自然対数をとって，

$$\ln(10/8) = \ln 2^{t/30.1} = (t/30.1) \ln 2$$

左辺の $\ln(10/8)$ をあらかじめ求めておきますと，

$$\ln(10/8) = \ln 10 - \ln 8 = \ln 10 - \ln 2^3 = \ln 10 - 3\ln 2$$
$$= 2.303 - 3 \times 0.693 = 0.223$$

$$t = 0.223 \times 30.1 \div 0.693 = 9.69 \text{ 年}$$

解答 4

問題 6

質量 W [g] の放射性核種（質量数 A，半減期 $T_{1/2}$）がある時，この放射能 [Bq] はどれだけか，正しいものを選べ。ただし，アボガドロ数を N_A とする。

1 $\ln 2 \cdot W \cdot A / (N_A \cdot T_{1/2})$ [Bq]　　2 $\ln 2 \cdot W \cdot T_{1/2} / (A \cdot N_A)$ [Bq]
3 $\ln 2 \cdot A \cdot N_A / (W \cdot T_{1/2})$ [Bq]　　4 $\ln 2 \cdot A \cdot T_{1/2} / (W \cdot N_A)$ [Bq]
5 $\ln 2 \cdot W \cdot N_A / (A \cdot T_{1/2})$ [Bq]

解説……………………………………………………………………

放射能とは，壊変率そのものですので，基礎的な方程式である次式の値そのもの（λN）を求めればよいことになります。

$$-\frac{dN}{dt} = \lambda N$$

まず，壊変定数 λ は，次の式より求まります。

$$\lambda = \ln 2 / T_{1/2}$$

次に，原子数 N [個] は，質量 W [g] を質量数 A [g / mol] で割ってモル数を出し，それにアボガドロ数 N_A [個 / mol] を掛ければ求まります。

$$N = (W/A) \times N_A$$

以上より，求める放射能 λN は，

$$\lambda N = \ln 2 / T_{1/2} \times (W/A) \times N_A = \ln 2 \cdot W \cdot N_A / (A \cdot T_{1/2}) \quad [\text{Bq}]$$

また，このように正しく計算ができることも重要ですが，試験の時に短時間で簡便に正解を求める方法として，単位だけで検討する方法もあります。放射能とは，一秒間に壊変する個数［個／s］ですから，次のように考えます。

1) まず，W［g］と A［g／mol］とは（g が残らないようにするために）掛け算であってはなりません。これで **1** が消せます。
2) 同様に，A［g／mol］と N_A［個／mol］も（mol が残らないようにするために）掛け算であってはなりません。これで **3** が消せます。
3) さらに，N の単位が［個／s］であるためには，$T_{1/2}$［s］は分母にあるべきです。これで，**2** と **4** が消えて，**5** だけが残ります。

|解答　5|

発展問題

問題 7

次の元素の中で安定核種（安定同位体）が存在するものはどれか。

1　Tc　　2　Po　　3　Pm
4　Au　　5　U

解説……

4 の Au（金）などという安定なものは，安定核種が存在しないはずはないでしょう。

次に示します元素は，安定核種（安定同位体）が存在せず，すべて放射性元素となります。これは頭に入れておかれるとよいでしょう。
- Tc（テクネチウム，原子番号 43）
- Pm（プロメチウム，原子番号 61）
- Po（ポロニウム，原子番号 84）
- 原子番号 85 以上のすべての元素

ただ，原子番号 83 の Bi（ビスマス）に安定核種がないと書かれている文献もあります。

|解答　4|

問題 8

核反応に関する次の記述において，誤っているものはどれか。

1. （n, 2n）反応は連鎖反応であって，かつその規模が拡大する反応である。
2. （γ, n），（n, 2n），（n, γ），（d, p）は原子番号の増減を伴わない核反応である。
3. ^{11}C は，陽子線を窒素に照射すれば製造できる。
4. 地殻の α 放射体によって生じる核反応で作られる核種として，^{3}H, ^{14}C, ^{36}Cl などが挙げられる。
5. 地球誕生時に存在した核種は，基本的にすべて現在でも地球上に十分な量が存在している。

解説

1. この反応は（n, 2n）ということですから，中性子が 1 個当たって，2 個の中性子が発生するということです。つまり，一つの反応が二つになり，二つの反応が 4 つになるということで，連鎖反応であって，しかもその規模が拡大する反応といえます。典型的な例として，高エネルギー中性子によって起こされる，次の反応が挙げられます。

    $$^{238}U + n \rightarrow {}^{237}U + 2n$$

2. これも記述のとおりです。原子番号の増減とは，結局陽子線の増減です。中性子や γ 線は陽子の増減と関係ありません。また，（d, p）は陽子を一つ与えて，一つ取り去りますので，陽子の増減がありません。

    逆に，質量数の増減を伴わない核反応には，（α, 4n），（d, 2n），（p, n），（n, p）などがあります。α 粒子は質量数 4，d は質量数 2 なので，その数の中性子が出て行けば，質量数の増減は無しになります。また，p と n は質量数が 1 で同じです。

3. やはり記述のとおりです。次のような（p, α）反応によります。

    $$^{14}_{7}N + {}^{1}_{1}p \rightarrow {}^{11}_{6}C + {}^{4}_{2}He$$

4. 正しい記述です。地殻の α 放射体には，ラジウム（^{226}Ra, ^{224}Ra）やラドン（^{222}Rn, ^{220}Rn）などがあります。これらから出る α 線等が衝突した物質が核破砕反応によって ^{3}H などを生じさせます。

5. 地球誕生時に存在した核種であっても，半減期が地球の年齢（約 46 億年）より短いものは既に消滅していると考えられます。ネプツニウム

系列の多くの核種や，^{26}Al（半減期：約70万年），^{129}I（半減期：約1,600万年）などは既にほとんど存在していないと考えられています。ただし，半減期の長いもの，たとえば，^{40}K（半減期約13億年）などは減衰こそしていますが，現在でも地球上にかなり多く存在しています。

　ネプツニウム系列の最終核種は，長い間^{209}Biと見られてきましたが，比較的近年になって，^{209}Biが1,900京年という非常に長い半減期で^{205}Tlに壊変することが判明しています。

解答　5

> 私たちの身体の中にあるカリウムの117ppm（0.0117%）は40Kなんだそうですね。これから受ける放射線はごく少ないけど全ての人が体内で被ばくしているわけですね

2 放射平衡

重要度 B

第2章 放射線の化学

基礎問題

問題 1

$100 \text{kBq} \cdot \text{mg}^{-1}$ の放射性アニリン（分子量 93）がある。これは，モル当たりのベクレル $[\text{Bq} \cdot \text{mol}^{-1}]$ で表すとどのようになるか。

1　$9.3 \text{kBq} \cdot \text{mol}^{-1}$　　2　$9.3 \text{MBq} \cdot \text{mol}^{-1}$　　3　$9.3 \text{GBq} \cdot \text{mol}^{-1}$
4　$9.3 \text{TBq} \cdot \text{mol}^{-1}$　　5　$9.3 \text{PBq} \cdot \text{mol}^{-1}$

解説

通常は無名数（単位のない数）の分子量にあえて単位をつけますと，$93 \text{g} \cdot \text{mol}^{-1}$ となります。これを使って単位を換算します。

$$100 \text{kBq} \cdot \text{mg}^{-1} \times 93 \text{g} \cdot \text{mol}^{-1} \times 10^3 \text{mg/g}^{-1} = 9.3 \times 10^6 \text{kBq} \cdot \text{mol}^{-1}$$
$$= 9.3 \text{GBq} \cdot \text{mol}^{-1}$$

SI 単位系における接頭語について，次表にまとめます。

表　SI 接頭語

名称	記号	大きさ	名称	記号	大きさ
ヨタ	yotta	Y	10^{24}	デシ	deci	d	10^{-1}
ゼタ	zetta	Z	10^{21}	センチ	centi	c	10^{-2}
エクサ	exa	E	10^{18}	ミリ	milli	m	10^{-3}
ペタ	peta	P	10^{15}	マイクロ	micro	μ	10^{-6}
テラ	tera	T	10^{12}	ナノ	nano	n	10^{-9}
ギガ	giga	G	10^{9}	ピコ	pico	p	10^{-12}
メガ	mega	M	10^{6}	フェムト	femto	f	10^{-15}
キロ	kilo	k	10^{3}	アト	atto	a	10^{-18}
ヘクト	hecto	h	10^{2}	ゼプト	zepto	z	10^{-21}
デカ	deca	da	10^{1}	ヨクト	yocto	y	10^{-24}

解答　3

問題2

次のような壊変系列において，誤っている記述はどれか。
　　A → B → C

1　Aを親核種と呼ぶとき，Bは娘核種と呼ばれ，Cは孫娘核種と呼ばれる
2　壊変定数 λ と半減期 T との間には，$\lambda \cdot T = \ln 2$ という関係がある。
3　AがBの他にB′に壊変する場合に，分岐壊変というが，Aが1～n まで n 種類の分岐壊変をする時，それらのそれぞれの壊変定数 λ_i の和がAの壊変定数 λ に一致する。
4　Bは息子核種と呼ばれることもある。
5　Bが安定核種であれば，このような系列は成り立たない。

解説
1～3　これらはすべて正しい記述となっています。
4　息子核種という核種表現はないことになっています。たぶん，生物における無性生殖は基本的にメスだけで可能だからでしょう。
5　これも記述のとおりです。Bが安定核種であれば，このような系列は成り立ちません。

解答　4

問題3

次の放射性核種の組合せにおいて，ミルキングの成立する系でないものはどれか。ただし $T_{1/2}$ は半減期を表すものとする。

1　^{90}Sr（ストロンチウム，$T_{1/2}$：28.8年）→ ^{90}Y（イットリウム，$T_{1/2}$：64.1時間）
2　^{99}Mo（モリブデン，$T_{1/2}$：66時間）→ ^{99m}Tc（テクネチウム，$T_{1/2}$：6.0時間）
3　^{137m}Cs（セシウム，$T_{1/2}$：30年）→ ^{137m}Ba（バリウム，$T_{1/2}$：2.6分）
4　^{147}Pm（プロメチウム，$T_{1/2}$：2.62年）→ ^{147}Sm（サマリウム，$T_{1/2}$：1.06×10^{11}年）
5　^{140}Ba（バリウム，$T_{1/2}$：12.8日）→ ^{140}La（ランタン，$T_{1/2}$：40時間）

解説

放射平衡にある親核種 P と娘核種 D とがあって半減期 $T_P > T_D$ である場合，D だけを単離（単独に取り出すこと）して純粋な P だけの状態にしても，時間とともに D が生成し，一定時間が経てば再び放射平衡状態に達します。このようにして D だけを単離することが繰り返しできますので，これが牛乳を搾ることに似ているということで，ミルキングといいます。したがって，娘核種の半減期が親核種のそれに比べて，大幅に小さいものでなければなりません。4 のサマリウムの半減期が極めて長いことで，この系ではミルキングは成立しないと考えられます。

また，そのようにして娘核種を取り出す装置を（正式にはジェネレータですが）カウと呼ぶこともあります。一部は問題にも現れていますが，例として，次のようなものがあります。

- ^{90}Sr（ストロンチウム，$T_{1/2}$：28.8 年）→ ^{90}Y（イットリウム，$T_{1/2}$：64.1 時間）
- ^{99}Mo（モリブデン，$T_{1/2}$：66 時間）→ ^{99m}Tc（テクネチウム，$T_{1/2}$：6.0 時間）
- ^{137}Cs（セシウム，$T_{1/2}$：30 年）→ ^{137m}Ba（バリウム，$T_{1/2}$：2.6 分）
- ^{140}Ba（バリウム，$T_{1/2}$：12.8 日）→ ^{140}La（ランタン，$T_{1/2}$：40 時間）
- ^{226}Rn（ラドン，$T_{1/2}$：3.8 日）→ ^{218}Po（ポロニウム，$T_{1/2}$：3.1 分）

解答　4

標準問題

問題 4

壊変平衡に関する次の文章において，誤っているものはどれか。

1　放射平衡にある親核種と娘核種とがあって，親核種の半減期が娘核種のそれより長い場合，娘核種だけを単離して純粋な親核種だけの状態にしても，時間とともに娘核種が生成し，一定時間が経てば再び放射平衡状態に達する。このようにして娘核種だけを単離することが繰り返しできるので，これをミルキングという。

2　^{99}Mo は壊変して ^{99}Tc になるが，前者の半減期は 66 時間，後者のそれは 20 万年であるので，これらの組合せはミルキングが成立する系である。

3　トリウム ^{232}Th の半減期は約 140 億年と見積もられており、これは宇宙の歴史の長さとほぼ同じである。
4　放射性鉱物が風化を受けていないと表現されるということは、密封系であるということである。
5　古い鉱物系であるという表現があれば、それは十分な時間を経過した鉱物試料であると考えてよい。

解説・・
1　正しい記述です。放射平衡にある親核種と娘核種とがあり、親核種の半減期が娘核種のそれより長い場合、娘核種だけを単離して純粋な親核種だけの状態にしても、時間とともに娘核種が生成し、一定時間が経てば再び放射平衡状態に達します。このようにして娘核種だけを単離することが繰り返しできるので、これをミルキングといいます。
2　これは誤りです。ミルキングが成立する系は親核種の半減期が娘核種のそれに比べて十分に長くなくてはいけません。問題に示されている半減期は、むしろ娘核種のほうが長いのでミルキングは成立しない系となります。ただし、次の関係を利用して、^{99m}Tc を取り出すことはミルキングになります。
● ^{99}Mo（$T_{1/2}$：66 時間）→ ^{99m}Tc（$T_{1/2}$：6.0 時間）
3　正しい記述です。トリウム ^{232}Th の半減期は約 140 億年と見積もられており、これは宇宙誕生からの歴史の長さとほぼ同じになっています。
4　風化を受けていないということは、外界の影響を受けていないということですので、問題文の通り、密封系であると考えて構いません。
5　これも正しい記述です。古い鉱物系であるという表現があれば、それは十分な時間を経過した鉱物試料であると考えていいです。

|解答　2|

問題 5
放射性核種 X は、次に示すように 2 回の β^- 壊変によって、放射性核種 Y を経て、核種 Z に至るという。

　　X →（半減期 10 日）→ Y →（半減期 1 日）→ Z

この系に関して述べられた次の記述の中で、誤っているものはどれか。

1 YはXが共存しない場合には，半減期1日という割合で減衰する。
2 分離精製したXを放置する時，Yの放射能が最大となる以前に，XとYの放射能の合計が極大となる点がある。
3 分離精製したXを放置する時，Yの放射能が最大となる時点で，XとYの放射能は等しくなる。
4 分離精製したXを放置する時，Yの放射能が最大となった後，Yの放射能は，半減期10日という減衰を始める。
5 XとYの原子数の和は一定である。

解説
1 記述のとおりです。YはXが共存しない場合には，半減期1日という割合で減衰します。
2 過渡平衡においては，これも記述のとおりです。次の図をご覧下さい。ここでは親核種がX，娘核種がYとなっています。親核種の半減期が娘核種のそれに比較して十分に長い場合が過渡平衡の条件です。

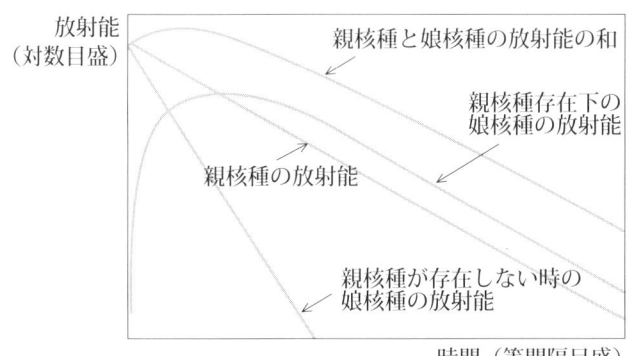

放射能（対数目盛）
親核種と娘核種の放射能の和
親核種存在下の娘核種の放射能
親核種の放射能
親核種が存在しない時の娘核種の放射能
時間（等間隔目盛）

図　過渡平衡における放射能の推移

3 これも正しい記述です。
4 やはり正しい記述です。図で親核種の勾配と同じ勾配で減少しているのがわかると思います。親核種から供給されることが律速（速度を決める要因）になっています。
5 XとYの和は一定にはなりません。XとYとZの原子数の和が一定です。

解答　5

問題6

^{226}Ra（半減期1,600年）が9.04mg存在する時，これと放射平衡にある ^{222}Rn（半減期0.01年）はモル数としてどれだけか。近いものを選べ。

1　1.2×10^{-6}　　2　1.5×10^{-8}
3　2.5×10^{-10}　　4　3.8×10^{-12}
5　4.5×10^{-14}

解説

^{226}Raと放射平衡にある ^{222}Rnは，いずれもウラン系列（半減期45億年の ^{238}Uを最上位とする系列）の核種であって，永続平衡が成り立っています。永続平衡の系においては，親核種と娘核種以降の核種の放射能は等しくなります。

^{226}Raの原子数を N_{226}，半減期を T_{226} とし，^{222}Rnについてもそれぞれ，N_{222}，T_{222} としますと，次式が成り立ちます。

$N_{222} / N_{226} = T_{222} / T_{226}$

これから，

$N_{222} = (T_{222} / T_{226}) \times N_{226}$

与えられた条件から，^{226}Raの原子数は，

$N_{226} = (9.04\text{mg} \times 10^{-3}\text{g / mg}) / 226 \times 6 \times 10^{23}$ 個

また，$T_{222} = 0.01$ 年，$T_{226} = 1,600$ 年より，

$N_{222} = (0.01 / 1,600) \times (9.04 \times 10^{-3}) / 226 \times 6 \times 10^{23}$

^{222}Rnのモル数

$= N_{222} / (6 \times 10^{23}) = (0.01 / 1,600) \times (9.04 \times 10^{-3}) / 226$

$\fallingdotseq 2.5 \times 10^{-10}$

解答　3

発展問題

問題 7

放射平衡に関する次の連立微分方程式を解くと,その結果は,どれになるか。

$$-\frac{dN_1}{dt} = \lambda_1 N_1, \quad -\frac{dN_2}{dt} = -\lambda_1 N_1 + \lambda_2 N_2$$

初期条件:$N_1(0) = N_{10}, \quad N_2(0) = N_{20}$

1. $N_1(t) = N_{10} \exp(\lambda_1 t)$

    $N_2(t) = \frac{\lambda_1 N_{10}}{\lambda_2 - \lambda_1} \{\exp(-\lambda_1 t) - \exp(-\lambda_2 t)\} + N_{20} \exp(-\lambda_2 t)$

2. $N_1(t) = N_{10} \exp(\lambda_1 t)$

    $N_2(t) = \frac{\lambda_1 N_{10}}{\lambda_2 - \lambda_1} \{\exp(-\lambda_1 t) + \exp(-\lambda_2 t)\} + N_{20} \exp(-\lambda_2 t)$

3. $N_1(t) = N_{10} \exp(\lambda_1 t)$

    $N_2(t) = \frac{\lambda_1 N_{10}}{\lambda_2 + \lambda_1} \{\exp(-\lambda_1 t) - \exp(-\lambda_2 t)\} + N_{20} \exp(-\lambda_2 t)$

4. $N_1(t) = \frac{\lambda_1 N_{10}}{\lambda_2 + \lambda_1} \{\exp(-\lambda_1 t) - \exp(-\lambda_2 t)\} + N_{20} \exp(-\lambda_2 t)$

    $N_2(t) = N_{20} \exp(\lambda_2 t)$

5. $N_1(t) = \frac{\lambda_1 N_{10}}{\lambda_2 - \lambda_1} \{\exp(-\lambda_1 t) - \exp(-\lambda_2 t)\} + N_{20} \exp(-\lambda_2 t)$

    $N_2(t) = N_{20} \exp(\lambda_2 t)$

解説

似たような式がたくさん並んでいますが,びっくりされないようにお願いします。お互いにどこが違っているかおわかりになりますでしょうか。{ }の中や分母の+や-が違っていますね。

ここでは,頑張って連立微分方程式を解いてみることにしましょう。しかし,無理にすべてをフォローされなくても,大まかな流れや結果だけを見ていただくことでもまったく構いません。

2種類の方法で解いてみます。それぞれ練習の材料にしてみて下さい。

置換法による解法

まず,第1式より,変数分離をして,

$$\frac{dN_1}{N_1} = -\lambda_1 dt$$

積分記号をつけて,

$$\int \frac{dN_1}{N_1} = -\int \lambda_1 dt$$

積分をして,積分定数を c としますと,

$$\ln N_1 = -\lambda_1 t + c$$

初期条件を代入して,

$$\ln N_{10} = c$$

よって,

$$N_1 = \exp(-\lambda_1 t + c) = \exp(-\lambda_1 t) \cdot \exp c = N_{10} \exp(-\lambda_1 t)$$

これで,第1式については解けたことになります。この結果を第2式に代入して,それを解くことになります。

$$-\frac{dN_2}{dt} = -\lambda_1 N_{10} \exp(-\lambda_1 t) + \lambda_2 N_2$$

この方程式は,けっこう難しい方程式です。ここでは次のような置換によって,新たに N_3 という関数を考えます(この方法はこの分野の答えがどのようになるか知っているから使える方法ですので,何も知らないまま思いつくことはありませんので,ご存じなくてもあまりがっかりしないで下さい)。

$$N_2(t) = N_3(t) + \alpha N_{10} \exp(-\lambda_1 t) \quad (\alpha \text{ は定数})$$

α は,後で都合のよいように決めることができるものです。以下,時間の関数であることを示す (t) を省略して,この式を微分しますと,

$$\frac{dN_2}{dt} = \frac{dN_3}{dt} - \alpha \lambda_1 N_{10} \exp(-\lambda_1 t)$$

これを方程式第2式に入れて整理しますと,

$$\frac{dN_3}{dt} = -\lambda_2 N_3 + N_{10} \exp(-\lambda_1 t) \{\lambda_1 + \alpha(\lambda_1 - \lambda_2)\}$$

α は都合のよいように決めてもよい定数でしたので,この式の第2項がゼロになるように決めますと,

$$a = \frac{\lambda_1}{\lambda_2 - \lambda_1}$$

これによって，新たに N_3 に関する微分方程式ができます．

$$\frac{dN_3}{dt} = -\lambda_2 N_3$$

これは，方程式第 1 式の N_1 の場合とまったく同じに，次のように解けます．

$$N_3 = \beta \exp(-\lambda_1 t) \quad (\beta は定数)$$

これを N_2 と N_3 の関係式に代入して，

$$N_2 = \beta \exp(-\lambda_2 t) + \frac{\lambda_1}{\lambda_2 - \lambda_1} N_{10} \exp(-\lambda_1 t)$$

$t = 0$ の時，$N_2 = N_{20}$ なので，

$$N_{20} = \beta + \frac{\lambda_1 N_{10}}{\lambda_2 - \lambda_1}$$

長くなりましたが，これを β について解いて，N_2 の式の中の β に代入しますと，次のようになります．

$$N_{20} = \frac{\lambda_1}{\lambda_2 - \lambda_1} N_{10} \{\exp(-\lambda_1 t) - \exp(-\lambda_2 t)\} + N_{20} \exp(-\lambda_2 t)$$

特性方程式の根を使う解法

この解法は，

$$\frac{d^2 x}{dt^2} + A \frac{dx}{dt} + Bx = 0$$

の形の微分方程式（二階微分方程式）の解が，次の形であるという知識を使うものです．

$$x = \alpha \exp(-\mu_1 t) + \beta \exp(-\mu_2 t)$$

ここで，μ_1 および μ_2 は，次の二次方程式（特性方程式）の根です．

$$\mu^2 + A\mu + B = 0$$

この解法を使うために，もとの連立微分方程式の第 2 式を $\lambda_1 N_1$ について解いて，

$$\lambda_1 N_1 = \lambda_2 N_2 + \frac{dN_2}{dt}$$

これを，第1式に代入して，整理しますと，次のようになります。

$$\frac{d^2 N_2}{dt^2} + (\lambda_1 + \lambda_2)\frac{dN_2}{dt} + \lambda_1 \lambda_2 N_2 = 0$$

この二階微分方程式の特性方程式は，

$$\mu^2 + (\lambda_1 + \lambda_2)\mu + \lambda_1 \lambda_2 = 0$$

これを解きますと，

$$\mu = \lambda_1 \text{ および } \lambda_2$$

$$N_2 = \alpha \exp(-\lambda_1 t) + \beta \exp(-\lambda_2 t)$$

という形で解けることになります。係数の α と β は初期条件から決めることができ，結果は先の解法と同じになります。

解答　1

問題8

放射平衡に関する基本的な次の連立微分方程式において，

$$-\frac{dN_1}{dt} = \lambda_1 N_1, \quad -\frac{dN_2}{dt} = -\lambda_1 N_1 + \lambda_2 N_2$$

(初期条件：$N_1(0) = N_{10}, \ N_2(0) = N_{20}$)

N_1 については，次のように解けることがわかっている。

$$N_1 = N_{10} \exp(-\lambda_1 t)$$

いま，たまたま $\lambda_1 = \lambda_2 = \lambda$ の場合につき，N_2 について解かれた結果は，次のどれになるか。

1　$(N_{20}t + N_{10})\exp(-\lambda t)$　　2　$(N_{20}t - N_{10})\exp(-\lambda t)$
3　$(N_{10}t + N_{20})\exp(-\lambda t)$　　4　$(N_{10}t + N_{20})\exp(-2\lambda t)$
5　$(N_{10}t - N_{20})\exp(-2\lambda t)$

解説……

この問題は前問の正解について，$\lambda = \lambda_1 = \lambda_2$ として計算すればよいことになりますが，単純に代入しても $0 \div 0$ という計算が入ってきて難しくなります。ここでは，置換法を用いて解くことにしましょう。置換法は前問でも出てきましたが，すこし置換の仕方は前問と異なります。

以下，$\lambda_1 = \lambda_2 = \lambda$ の場合について解きます。第1式の結果の

$$N_1 = N_{10} \exp(-\lambda t)$$

を第2式に代入しますと，

$$-\frac{dN_2}{dt} = \lambda N_2 - \lambda N_{10} \exp(-\lambda t)$$

ここで,次のように置いて新たに N_3 を導入します。

$$N_2 = N_3 \exp(-\lambda t)$$

これを微分して,

$$\frac{dN_2}{dt} = \frac{dN_3}{dt} \times \exp(-\lambda t) - \lambda N_3 \exp(-\lambda t)$$
$$= \exp(-\lambda t)\frac{dN_3}{dt} - \lambda N_2$$

これを N_2 の方程式に入れて,式を整理しますと,次のように簡単になります。

$$\frac{dN_3}{dt} = N_{10}$$

これを積分して,

$$N_3 = N_{10}t + c$$

これを N_2 と N_3 の関係式(N_3 を導入した式)に戻しますと,

$$N_2 = (N_{10}t + c)\exp(-\lambda t)$$

初期条件の $t = 0$ の時 $N_2 = N_{20}$ を用いれば,$c = N_{20}$ が求まりますので,結局,次のようになります。

$$N_2 = (N_{10}t + N_{20})\exp(-\lambda t)$$

解答 3

> ^{40}Kは分岐壊変といって
> 二つのものに壊変するそうですね
> ^{40}Arと^{40}Caに壊変するんですね

> なので,^{40}Kと^{40}Arの存在比率を分析すれば
> 1万年から46億年程度の年代測定もできるそうですね
> これをカリウム―アルゴン法といっているそうですね

3 放射化と放射化学

重要度 **C**

基礎問題

問題1

放射性核種の担体に関する記述として，誤っているものはどれか。

1. 放射性核種の担体としては，一般に同じ元素の同位体を用いる。
2. 放射性核種の担体として，それとは別の元素を用いることもある。
3. 担体には，放射性核種が製造された時から存在するものと，使用時あるいは保管時に加えられるものとがある。
4. 水溶液において，水酸化鉄（Ⅲ）の沈殿と一緒に $^{90}Sr^{2+}$ が共沈することを防ぐために Sr^{2+} の担体を加えることがあるが，この新たに加える Sr^{2+} をスカベンジャーと呼んでいる。
5. 水溶液から水酸化第二鉄の沈殿とともに，多くの放射性核種を共沈させて系から除去する場合の水酸化第二鉄を共沈剤という。

解説

1. 記述のとおりです。化学的挙動が同じものを必要とするために，原則として，同位体を用います。例外として，似た性質の元素を用いることもあります。「一般に」とは，「例外を除いて」という意味です。
2. これも記述のとおりです。性質が似ている別の元素を用いることもあります。これを非同位体担体といっています。
3. やはり記述のとおりです。担体には，放射性核種が製造された時から存在するものと，使用時あるいは保管時に加えられるものとがあります。
4. 溶液に残すために添加する担体はスカベンジャーとは呼びません。保持担体と呼んでいます。共沈により放射性核種を取り除くことであればスカベンジャー（捕捉剤）と呼びます。スカベンジャーは日本語では「掃除人」に当たります。

5 正しい記述となっています。水溶液から水酸化第二鉄の沈殿とともに，多くの放射性核種を共沈させて系から除去する場合の水酸化第二鉄を共沈剤といいます。

解答　4

問題2
標識化合物の合成法として，正しいものはどれか。
1 標識目的の化合物と ^3H_2O を密閉容器中に共存放置して反応させる方式をウィルツバッハ法と呼んでいる。
2 [^{11}C] 標識化合物としては，一般に固形の $Ba^{11}CO_3$ が化学合成の出発物質として用いられる。
3 トリチウム化合物の水溶液保存においては，凍結保存が望ましい。
4 リチウム化合物を有機化合物に混合し，これに熱中性子を照射することによって，トリチウム標識化合物を合成することが可能である。
5 核壊変や核反応を用いる反跳合成法は，複雑な構造の標識化合物合成には適していない。

解説
1 ウィルツバッハ法は，^3H_2O との接触ではなくて，$^3H_2$ ガス（トリチウムガス）との接触によるものです。^3H の入る位置は特定しにくいため，おもに [$^3H(G)$] の形の標識化合物になります。
2 [^{11}C] 標識化合物としては，一般にサイクロトロンで作られた ^{11}C が $^{11}CO_2$（気体）として用いられます。
3 トリチウム化合物の水溶液は，凍結のほうが分解が速いので望ましくありません。2〜3℃程度の保存がなされます。
4 これは記述のとおりです。リチウムをターゲット核とすることで，熱中性子のような比較的低エネルギー中性子でも核反応を起こすことができきます。

$$^6Li + ^1n \rightarrow ^3H + ^4\alpha$$

5 反跳合成法は，むしろ複雑な構造の標識化合物合成には適しています。

解答　4

$^6\text{Li} + {}^1\text{n} \rightarrow {}^3\text{H} + {}^4\alpha$

リチウム　トリチウム

リチウムからトリチウムが作られるんだね

問題 3

水−有機溶媒抽出系がある。この系において臭素 Br_2 の分配比が 50 であるとすると，100MBq の $^{82}Br_2$ を含む水を同容量の有機溶媒で抽出した時に水相に残る $^{82}Br_2$ の放射能はどのくらいになるとみられるか。

1　1MBq　　2　2MBq
3　3MBq　　4　4MBq
5　5MBq

解説・・

分配比とは，有機相にどのくらい移るか，という比率ですので，細かいことを別として単純に考えれば，分配比が 50 ということですので，水相には約 1/50 が残ることになります。したがって，大雑把には，

$$100 \div 50 \fallingdotseq 2\text{MBq}$$

と考えられますので，**2** が選択できます。

それでは気持ち悪いという方もおられると思いますので，もう少し精密に計算してみましょう。分配比 D，水相容積 V_w，有機溶媒容積 V_o としますと，抽出率 E ［%］は，次のようになります。

$$E = \frac{100D}{D + \frac{V_w}{V_o}}$$

この問題では，$V_w = V_o$ ということですので，

$$E = \frac{100D}{D + 1}$$

さらに，$D = 50$ を使いますと，

$$E = 50 \times 100/51 \fallingdotseq 98.0\%$$

水相に残るものは，

$$100 - 98.0 = 2.0\%$$
$$100\text{MBq} \times 2.0\% = 2.0\text{MBq}$$

標準問題

問題 4

比放射能が $90\text{kBq}\cdot\text{mg}^{-1}$ の［^{14}C］エチルアミン（$C_2H_5NH_2$，分子量 45）を酸化して，定量的に［^{14}C］ニトロエチル（$C_2H_5NO_2$，分子量 75）を得た。この［^{14}C］ニトロエチルの比放射能［$\text{kBq}\cdot\text{mg}^{-1}$］は次のどれに最も近いか。

1. $54\text{kBq}\cdot\text{mg}^{-1}$
2. $64\text{kBq}\cdot\text{mg}^{-1}$
3. $74\text{kBq}\cdot\text{mg}^{-1}$
4. $84\text{kBq}\cdot\text{mg}^{-1}$
5. $94\text{kBq}\cdot\text{mg}^{-1}$

解説

エチルアミンを酸化してニトロエチルを得る反応は，1mol から 1mol が得られる反応です。例えば次のような反応式で表されます。

$$C_2H_5NH_2 + \frac{3}{2}O_2 \rightarrow C_2H_5NO_2 + H_2O$$

定量的にというのですから，反応率を 100％ として考えます。1mol のエチルアミン（45g）から 1mol のニトロエチル（75g）が得られるのですから，エチルアミン（45mg）からニトロエチル（75mg）が得られますので，

$$90\text{kBq}\cdot\text{mg}^{-1} \times 45\text{mg} \div 75\text{mg} = 54.0\text{kBq}\cdot\text{mg}^{-1}$$

解答 1

問題 5

次の条件の中で，放射性沈殿を生じるものはどれか。

1. ^{59}Fe で標識した塩酸第二鉄水溶液にりん酸を添加した。
2. ^{3}H で標識した水素化アルミニウムリチウムとエタノールを反応させた。
3. ^{14}C で標識した炭酸水素ナトリウムに硫酸を加えた。
4. ^{14}C で標識したしゅう酸に水酸化ナトリウムを加えた。
5. ^{36}Cl で標識した食塩水と塩酸を混ぜた。

解説

1 　りん酸と沈殿を作る金属としては，バリウム，ストロンチウム，カルシウム，銀，鉄などがあります。第二鉄とは3価の鉄を意味します。（第一鉄が2価の鉄です。）りん酸第二鉄 $FePO_4$ は白色の沈殿です。ここで，↓という記号は固体となって液体の系から出てゆくことを意味します。

$$FeCl_3 + H_3PO_4 \rightarrow FePO_4\downarrow + 3HCl$$

2 　この反応は次のようになります。

$$LiAl^3H_4 + 4C_2H_5OH \rightarrow LiAl(OC_2H_5)_4 + 4\,^3H-H\uparrow$$

つまり，放射性水素原子を半分持った気体水素分子（^3H-H）が発生します。ただし，これは沈殿ではありません。↑という記号は気体となって液体の系から出てゆくことを意味します。

3 　この反応によって硫酸ナトリウムと放射性気体の二酸化炭素が発生しますが，沈殿は生じません。

$$2NaH^{14}CO_3 + H_2SO_4 \rightarrow Na_2SO_4 + {}^{14}CO_2\uparrow + 2H_2O$$

4 　酸とアルカリの中和反応になりますが，沈殿も気体も発生しません。

$$(^{14}COOH)_2 + 2NaOH \rightarrow (^{14}COONa)_2 + 2H_2O$$

5 　食塩は NaCl ですが，そのナトリウムイオンは通常はほとんど沈殿しません。つまり，ほとんど水に溶けたままなのです。なお，^{36}Cl は放射性ですが，自然界に存在する塩素は平均の原子量が 35.5 となっていて，^{35}Cl と ^{37}Cl と比率 3：1 で混ざっています。その中間の原子量の ^{36}Cl が放射性というのも不思議ですね。

解答　1

^{14}Cの濃度分析によって歴史上の遺跡の年代などがわかるそうですね

問題6

次に示すケースのうち，放射性気体を発生するものはどれか。
1 ^{140}Ba で標識した炭酸バリウムに硫酸を加えて加熱した。
2 ^{14}C で標識したコークスで鉄鉱石を還元した。
3 ^{45}Ca で標識した炭酸カルシウムを加熱した。
4 ^{76}As で標識したひ酸ナトリウム水溶液に塩化マグネシウムのアンモニア性水溶液を加えた。
5 ^{125}I で標識したよう素酸カリウム水溶液によう化カリウムを加え，直ちに過剰のチオ硫酸ナトリウムを加えた。

解説

1 化学の基本原則として，弱酸（炭酸）の塩に強酸（硫酸）を加え加熱しますと，弱酸が遊離（塩でなくなりもとの酸にもどる反応）します。ここでは炭酸となり，これが炭酸ガス（二酸化炭素）になります。ただし，この二酸化炭素は放射性ではありません。↓は，前問にもありましたが，固体となって液体の系から出てゆくこと（沈殿）を意味しています。

$$^{140}BaCO_3 + H_2SO_4 \rightarrow （加熱）\rightarrow {}^{140}BaSO_4\downarrow + CO_2\uparrow + H_2O$$

2 コークスで鉄鉱石を還元する反応は，製鉄所で行われる最も基本的なものですね。鉄鉱石にもいくつかの種類がありますが，典型的な Fe_3O_4 で考えてみます。

$$Fe_3O_4 + 2\,{}^{14}C \rightarrow 3Fe + 2\,{}^{14}CO_2\uparrow$$

ここで発生する $^{14}CO_2$ は放射性炭素を含む気体です。

3 炭酸カルシウムを加熱しますと，炭酸カルシウムが分解して，二酸化炭素を発します。しかしこの二酸化炭素は非放射性で放射性核種を含みません。

$$^{45}CaCO_3 \rightarrow （加熱）\rightarrow {}^{45}CaO + CO_2\uparrow$$

4 ひ酸ナトリウム $Na^{76}AsO_3 + MgCl_2$ では特段の反応は起こりません。気体も発生しません。

5 よう素酸カリウムは KIO_3，よう化カリウムは KI という化学式をしています。ここではよう素酸カリウムだけが標識されています。チオ硫酸ナトリウムは $Na_2S_2O_3$ です。

よう素酸カリウムとよう化カリウムは次のような反応をします。反応

の根幹だけ書きますと，

$$IO_3^- + 5I^- + 6H^+ \rightarrow 3I_2 + 3H_2O$$

ここでよう素が発生しますが，直ちに過剰のチオ硫酸ナトリウムを加えていますので，すぐに

$$I_2 + 2Na_2S_2O_3 \rightarrow 2NaI + Na_2S_4O_6$$

となって，よう素の気体は発生しません。反応の過程からわかりますように，途中で生じる I_2 はその 1/6（よう素酸カリウム由来の分）が ^{125}I で，5/6（よう化カリウム）が ^{127}I（安定核種）となっています。最後の NaI も同様の比率ですね。

解答 2

発展問題

問題7

液体水銀のタンクがあり，非放射性の金属水銀が入っていることがわかっているが，その量が不明である。この量を調べるため，放射能 10.0 kBq・g^{-1} の放射性水銀（^{197}Hg）を50g添加してタンク内を均一に混合した。次に，タンク内より少量のサンプルを採取して放射能を測定したところ，50Bq・g^{-1} であったという。タンク内にはどれだけの水銀が入っていると推定されるか。最も近いものを選べ。

| 1 | 10kg | 2 | 13kg | 3 | 16kg | 4 | 19kg | 5 | 22kg |

解説・・

添加した水銀の放射能と均一混合した後の放射能とが等しいという関係を用いて計算します。

タンク内にあらかじめ入っていた水銀を X［g］としますと，混合後の放射能 50Bq・g^{-1} は $(X+50)$［g］の分の放射能ですから，添加した 10kBq・g^{-1} が添加量50gのものであることを考えて，次のような式を立てます。

$$50 \text{Bq·g}^{-1} \times (X+100) \text{g} = 10 \text{kBq·g}^{-1} \times 50 \text{g}$$

よって

$$50 \times (X+100) = 10{,}000 \times 50$$

∴

$$X = 9{,}900 \text{g} = 9.9 \text{kg}$$

あるいは，次のように整理してみることでわかりやすくなるかもしれません。

		重量	比放射能	全放射能
添加前	定量すべき試料	X	0	0
	添加したトレーサー	50g	$10.0\text{kBq}\cdot\text{g}^{-1}$	500kBq
添加後	混合物	$(50+X)$g	$50\text{Bq}\cdot\text{g}^{-1}$	$50(50+X)$Bq

| 解答 | 1 |

問題 8
放射性同位体を用いた化学分析法として，正しいものはどれか。
1 放射化分析は，基本的には破壊検査であり，化学分離をする必要がある。
2 放射分析や放射化分析においては，放射性核種が試薬あるいは指示薬の役割を持っていると言える。
3 放射化分析等においては，おもにβ線の放射線エネルギーや線量率を測定する。
4 同位体希釈分析法は，試料に放射性核種が含まれる場合の分析法である。
5 超ウラン元素の分離や定量は，基本的に放射分析によって行われる。

解説
1 放射化分析は，基本的に非破壊検査です。化学分離をする必要もありません。そのままγ線スペクトロメトリーにかけて放射能を測定し，目的元素を定量できます。
2 これは記述のとおりです。やや紛らわしいのですが，放射化学分析では，試料に放射性核種が含まれていますので，（分析対象そのものなので）試薬あるいは指示薬という立場ではなくなります。
3 放射化分析等においては，おもにγ線の放射線エネルギーや線量率を測定します。
4 同位体希釈分析法は，試料に放射性核種が含まれない場合の分析法です。試料に放射性核種が含まれる場合の分析法（放射化学分析法）に

は，二重同位体希釈分析法や逆同位体希釈分析法などがあります。目的成分を完全に分離しなくても，完全に混合さえすれば，試料の一部を取り出して分析するだけで定量が可能です。

5　放射分析は試料自体が非放射性である場合のものですが，原子番号93以上の超ウラン元素（ウランよりも原子番号の大きい元素）はすべて放射性ですので，原理的に放射分析はできません。

解答　2

第3章

放射線の生物学

生物の体って
不思議なくらいに
うまくできているよね

1 放射線生物作用の特徴と放射線影響の分類

重要度 **A**

基礎問題

問題 1

生体に影響する放射線の分類を表に示すが，1〜5の欄の中で，誤りを含むものはどれか。

分類		荷電／非荷電	具体名
1 電磁波（電磁放射線）	間接電離放射線	非荷電	3 X線，γ線
2 粒子線（粒子放射線）	間接電離放射線	非荷電	4 中性子線，β線
	直接電離放射線	荷電	5 α線，電子線

解説

　放射線が生物に働きかけ，影響することを放射線生物作用といっています。放射線の分類について，おさらいをしておきましょう。4にあるβ線は間接電離放射線に分類されていますが，β線は基本的に電子の流れですので，直接に周囲の分子の電離を起こします。この部分が誤りを含みます。正しい表として再掲しますと，次のようになります。

表　放射線の分類

分類		荷電／非荷電	具体名
電磁波（電磁放射線）	間接電離放射線	非荷電	X線，γ線
粒子線（粒子放射線）	間接電離放射線	非荷電	中性子線
	直接電離放射線	荷電	α線，β線，電子線

解答　**4**

問題2
　標的理論に関して述べられた次の文章において，誤っているものはどれか。
1　標的理論とは，生体細胞内には，細胞の生存にとって重要な標的があって，これを放射線がヒット（狙い打ち）することで死に至るという理論である。
2　標的理論における標的とは，通常はDNAと考えられている。
3　標的理論においては，1標的1ヒットモデル，1標的多重ヒットモデル，多重標的1ヒットモデル，および多重標的多重ヒットモデルがある。
4　標的理論において，ヒットは，生起確率の小さい現象が従うポアソン分布に従うとされる。
5　ある線量の放射線によって，平均でm個のヒットが生じたとすると，標的にr個のヒットが生じる確率$P(r)$はポアソン確率の理論から，次のようになるとされる。

$$P(r) = e^{-m} \frac{r^m}{r!}$$

解説
　放射線の影響として，熱的にはヒトに影響をあたえるレベルではとてもありません。したがって，放射線による生体へのダメージは熱エネルギーの量的効果ではなく，特別な生体の構造（標的）に対して影響するものと考えられ，これを標的理論（あるいはヒット理論）といいます。
　標的理論では，次のような仮定を置いています。

> 生体細胞内には，細胞の生存にとって重要な標的があって，これを放射線がヒット（狙い打ち）することで死に至る。

　また，このヒットは，生起確率の小さい現象が従うポアソン分布に従うとされ，ある線量Dの放射線によって，平均でm個のヒットが生じたとすると，実際に標的にr個のヒットが生じる確率$P(r)$はポアソン確率の理論から，次のようになります（mとrの違いに留意して下さい。mは平均値，rは1から順次与えられる数値です）。

$$P(r) = e^{-m} \frac{m^r}{r!}$$

この理論には次表に示しますようなモデルの種類があります。

表　標的理論におけるモデルの種類

1細胞内の標的数	細胞死に至るヒット回数	モデルの名称	モデルの内容
標的が1個	1ヒットで細胞死	1標的1ヒットモデル	一つの細胞内に標的が1個だけ存在し，これが1回のヒットを受けると細胞死に至る
	複数回のヒットで細胞死	1標的多重ヒットモデル	一つの細胞内に標的が1個だけ存在し，これが複数回のヒットを受けると細胞死に至る
複数個の標的	1ヒットで標的が死に，すべての標的がやられて細胞死	多重標的1ヒットモデル（多標的1ヒットモデル）	一つの細胞内に標的が複数個存在し，そのひとつひとつの標的が1回のヒットを受け，すべての標的がヒットされると細胞死に至る
	複数回のヒットで標的が死に，すべての標的がやられて細胞死	多重標的多重ヒットモデル（多標的多重ヒットモデル）	一つの細胞内に標的が複数個存在し，そのひとつひとつの標的が複数回のヒットを受け，すべての標的がヒットされると細胞死に至る

1，4　記述のとおりです。

2　これも記述のとおりです。わずかな変化でも細胞全体に大きな影響を与えるような部分がヒットされると大きなダメージとなりますが，それがDNA（デオキシリボ核酸，デオキシは酸素が一つ少ないという意味です）と考えられています。RNAウィルスの場合は，DNAのかわりにRNA（リボ核酸）と見られています。

3　やはり記述のとおりです。多重標的1ヒットモデル，および多重標的多重ヒットモデルは，それぞれ，多標的1ヒットモデル，および多標的多重ヒットモデルともいわれています。

5　ある線量の放射線によって，平均で m 個のヒットが生じたとすると，標的に r 個のヒットが生じる確率 $P(r)$ はポアソン確率の理論から，次のようになるとされます。m と r が一部で入れ替わっていることにご注意下さい。

$$P(r) = e^{-m} \frac{m^r}{r!}$$

解答　5

問題3
DNAの構成について，正しいものはどれか。
1　DNAを構成する塩基は，3種類である。
2　シトシンとチミンはピリミジン塩基と，アデニンとグアニンはプディング塩基と呼ばれている。
3　通常のDNAは基本的に二本の鎖がらせん状に絡み合った状態にあり，これらが一定の規則で結合しているので，これを二重らせんと呼んでいる。
4　二重らせんにおいては，アデニンとシトシン，グアニンとチミンが水素結合をしている。
5　アデニンとグアニンは6員環をしており，シトシンとチミンは6員環と5員環が複合された形をしている。

解説 ···
DNA（デオキシリボ核酸）は，塩基（アデニン，チミン，グアニン，シトシンの4種）と糖（デオキシリボース），そして，りん酸とが一分子ずつ結合してヌクレオチドを作り，このヌクレオチドが非常に多くつながった鎖（ヌクレオチド鎖）がらせん状に2本並んだ巨大分子です。ワトソンとクリックが提起した二重らせんとして有名です。向かい合う塩基どうしが水素結合ではしごのようにつながっています。その水素結合はA（アデニン）−T（チミン），およびG（グアニン）−C（シトシン）の組合せに限られています。

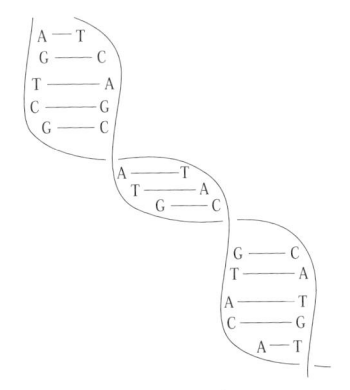

図　DNAの二重らせん

糖がデオキシリボースではなくて，リボースである場合にはRNA（リボ核酸）となります。DNAが遺伝子の実体をなすのに対して，RNAはおもにタンパク質合成などの働きをします。

1 　記述は誤りです。アデニン，グアニン，シトシン，チミンの4種類です。

2 　シトシンとチミンがピリミジン塩基であることは正しいですが，アデニンとグアニンはプリン塩基に属します。ここでいうプリンとは，英語でpurineであって，洋風の生菓子であるプディングpuddingが訛ったプリンではありません。

3 　これは記述のとおりです。通常のDNAは基本的に二本の鎖がらせん状に絡み合った状態にあり，これらが一定の規則で結合しているので，これを二重らせんと呼んでいます。

4 　二重らせんにおいて結合する対が誤っています。正しくはアデニンとチミン，グアニンとシトシンが水素結合をしています。

5 　記述は逆になっています。シトシンとチミンが6員環をしており，アデニンとグアニンは6員環と5員環が複合された形をしています。図をご覧下さい。

> 6角形の中の数字は位置を示す番号
> 折れ線の交点に元素記号のないものは炭素
> （それに付いている水素も省略されています）

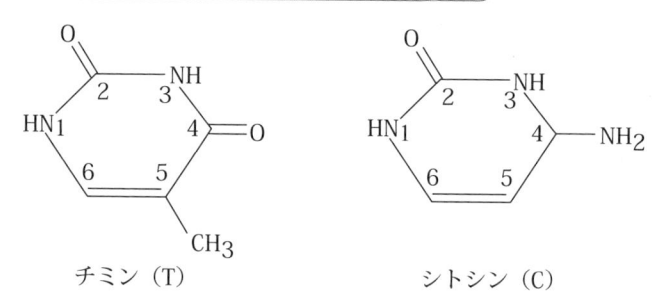

チミン（T）　　　シトシン（C）

図　ピリミジン塩基

図　プリン塩基

アデニン（A）　　　グアニン（G）

解答　3

標準問題

問題 4

放射線による生体組織のアタックに関する次の文章の下線部の中で，誤っているものはどれか。

放射線の熱エネルギーは，生体組織に平均に加えられる場合にはとても小さな無視できるレベルであることは計算すればすぐわかるが，1 標的説では，平均的なダメージではなく，放射線は特定の何かをアタックしていると考えられている。わずかな変化でも細胞全体に大きな影響を与えるような部分がヒットされると大きなダメージとなるが，それが 2 DNA（3 オキシリボ核酸）と考えられている。4 RNAウィルスの場合は，2 DNA のかわりに RNA（5 リボ核酸）と見られている。

解説

3 はオキシリボ核酸ではなくて，デオキシリボ核酸が正解です。「デオキシ」とは，酸素が一つ足りないという意味です。

放射線の熱エネルギーは，生体組織に平均に加えられる場合にはとても小さな無視できるレベルであることは計算すればすぐわかりますが，標的説では，平均的なダメージではなく，放射線は特定の何かをアタックしていると考えられています。わずかな変化でも細胞全体に大きな影響を与えるような部分がヒットされると大きなダメージとなりますが，それが DNA（デオキシリボ核酸）と考えられています。RNAウィルスの場合は，DNA のかわりに RNA（リボ核酸）と見られています。

解答　3

問題5

ヒットモデルと平均致死線量に関する次の記述において，誤っているものはどれか。

1 生体細胞内には，細胞の生存にとって重要な標的があって，これを放射線がヒット（狙い打ち）することで細胞が死に至るというのが標的理論である。

2 平均で m 個のヒット（打撃）が生じ，その中で実際に標的に r 個のヒット（的中）が生じる確率 $P(r)$ はポアソン確率の理論から，次のようになる。

$$P(r) = e^{-m} \frac{m^r}{r!}$$

3 平均で m 回のヒット（打撃）があっても，その一つも的中しない場合の細胞集合体の生存確率（生存率）を S とすると，S は次のようになる。

$$S = e^{-m} = \exp(-m)$$

4 平均致死線量は，D63値，63％線量などとも呼ばれ，放射線感受性を評価する際に用いられ，これが小さい場合には感受性が高いということになる。

5 平均で m 個のヒット（打撃）になるような線量を照射した場合の細胞生存率は，$S = e^{-m}$ であるので，平均で1個のヒット（打撃）になるような線量を照射した場合の細胞生存率は，この式において $m = 1$ とすれば，$S = 0.368\cdots \fallingdotseq 0.37$ となる。

解説……………………………………………………………………

1 記述のとおりです。生体細胞内には，細胞の生存にとって重要な標的があって，これを放射線がヒット（狙い打ち）することで細胞が死に至るというのが標的理論です。

2 これも記述のとおりです。ポアソン確率の理論が適用されます。

3 やはり記述の通りで，前肢において $r = 0$ の場合に当たります。

4 平均致死線量は，D63値，63％線量などではなくて，D37値，37％線量などとも呼ばれ，放射線感受性を評価する際に用いられ，これが小さい場合には感受性が高いということになります。

5 正しい記述です。$S = e^{-m}$ で $m = 1$ とすれば，$S = e^{-1} = 0.368\cdots$

≒ 0.37 となります。

解答 4

問題 6
LET と生体影響の関係に関する記述において，正しいものはどれか。
1 放射線の種類が異なっても，LET が同一であれば，生体に与える影響としての損傷の種類や分布はほぼ同様である。
2 高 LET 放射線の照射による細胞の線量－生存率曲線においては，低 LET 放射線の場合に比べて D_q も D_0 も小さい。
3 LET の増加によって，RBE も全領域で相関して増加する。
4 高 LET 放射線では，直接作用より間接作用の寄与が大きくなる。
5 高 LET 放射線の細胞致死作用において，防護剤の効果は大きい。

解説

　放射線のエネルギーを阻止する能力である阻止能は，有効荷電の 2 乗，物質の質量，原子番号に比例し，重荷電粒子の運動エネルギーに反比例する量ですが，阻止能の絶対値を線エネルギー付与（LET, Linear Energy Transfer）といって，単位長さ当たりどの程度のエネルギーが物質に与えられるか，という程度を示すものとなります。
1 LET が同一であっても放射線の種類が異なれば，線量の分布なども変わってきますので，損傷の種類や分布がほぼ同様とはいえません。
2 高 LET 放射線の場合には，線量－生存率曲線はほぼ直線になり，つまり肩がない状態となりますので，見かけのしきい値である D_q は小さくなっています。また，放射線の影響度が大きいため傾斜も急になっていて，平均致死線量である D_0 も小さくなります。これが正しい記述です。
3 RBE（生物学的効果化）は，低 LET 放射線では 1 ですが，LET が 100 keV/μm までは LET とともに増大します。しかし，LET が 100 keV/μm を超えますと，減少に転じます。全領域で相関することにはなっていません。
4 高 LET 放射線では，ラジカルの再結合などにより，間接作用は相対的に小さくなります。
5 高 LET 放射線の細胞致死作用において，防護剤の効果は小さいもの

です。高LET放射線は影響が強すぎて，緩和するためのいろいろな工夫の効き目は小さくなります。

解答　2

発展問題

問題7

図はDNAの二重らせん構造を示しているが，この中で誤りを含む部分は 1～5 のうちのどれか。

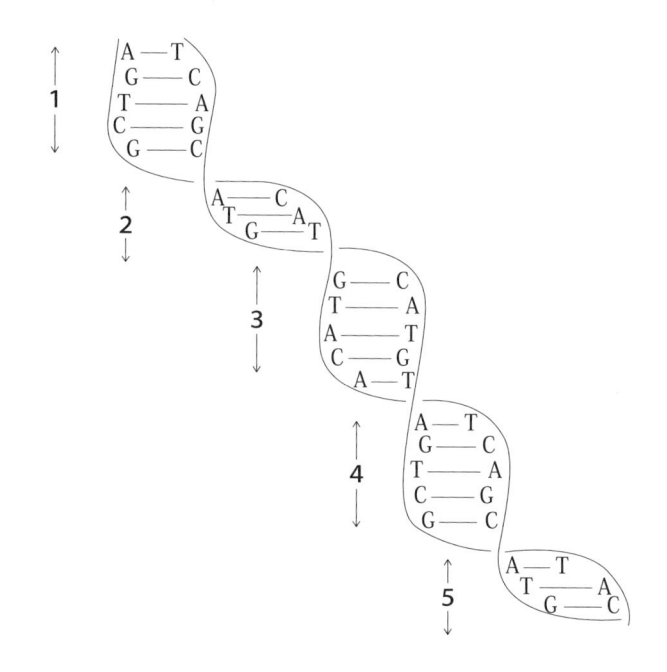

```
    ↑  A—T
    │  G—C
 1  │  T—A
    │  C—G
    ↓  G—C
         ↑  A—C
         │  T—A
      2  │  G—T
         ↓
              ↑  G—C
              │  T—A
           3  │  A—T
              │  C—G
              ↓  A—T
                   ↑  A—T
                   │  G—C
                4  │  T—A
                   │  C—G
                   ↓  G—C
                        ↑  A—T
                     5  │  T—A
                        ↓  G—C
```

解説……………………………………………………………

　最初はどこから考えてよいかびっくりするような問題に見えたかもしれませんね。ポイントは，水素結合する組み合わせを知っているかどうか，ということになります。

　DNA（デオキシリボ核酸）は，塩基（アデニン，チミン，グアニン，シトシンの4種）と糖（デオキシリボース），そして，りん酸とが一分子ずつ結合してヌクレオチドを作り，このヌクレオチドが非常に多くつながった鎖（ヌクレオチド鎖）がらせん状に2本並んだ巨大分子です。ワトソンとクリックが提起した二重らせんとして有名です。向かい合う塩基どう

しが水素結合ではしごのようにつながっています。その水素結合はA（アデニン）－T（チミン）の間，およびG（グアニン）－C（シトシン）の間に限られています。

本問では，2の部分にA－CおよびG－Tという結合が見えており，これは実際には起こらない水素結合です。必ず，A－T，およびG－Cとなるべきものです。

|解答　2|

問題8
しきい線量に関する次の記述において，正しいものはどれか。
1　しきい線量のある放射線影響を確率的影響，しきい線量のない場合を確定的影響と定義している。
2　しきい線量は，照射された線量によるものであって，照射の際の線量率の影響は受けない。
3　しきい線量は，発生や成長の段階や時期によって大きく変わる。
4　しきい線量がある場合には，しきい線量を超えると失われる細胞が増えて機能障害が起き始めるが，放射線防護上の立場からは，被ばくを受けた人の10～20％に影響が出始める線量をしきい線量として扱っている。
5　しきい線量とは，これ以上高い線量の放射線を照射しても障害の発生頻度が増加しない線量のことである。

解説
1　記述は逆になっています。正しくは，しきい線量のある放射線影響を確定的影響，しきい線量のない場合を確率的影響と定義しています。
2　同じ線量を照射する場合でも，低線量率で長時間照射した場合のほうが，高線量率短時間の照射よりも生体への影響は緩やかなものになります。これは低線量率の場合ほど，細胞の回復効果が大きいためと考えられています。これを線量率効果といっています。
3　確定的影響は，細胞死を基礎とする影響です。細胞の放射線感受性（致死感受性）は，細胞分裂が活発な細胞において高いことが知られており，段階や時期によってその影響度は大きく異なります。これが正しい記述です。

1　放射線生物作用の特徴と放射線影響の分類

4 確定的影響は，記述のとおり，しきい線量のある場合に，しきい線量を超えますと失われる細胞が増えて機能障害が起き始めますが，放射線防護上の立場からは，統計的に被ばくを受けた人の1～5％に影響が出始める線量をしきい線量として扱っています。10～20％とは大きすぎます。

5 この記述も誤りです。しきい線量とは，障害の影響が現れる最低の線量のことをいいます。

解答　3

しきいが高いことだってあるよね

ちょっと一休み

〈宇宙生物学〉

　地球上の生物において，DNA情報が4種類の塩基（アデニン，グアニン，チミン，シトシン）によって作られていることは，「放射線が生物に与える影響」の領域で，皆さんが既に学習されたとおりですが，なぜこの4種類なのでしょう。

　実は最近宇宙からやってきた隕石の中に，従来知られている塩基とともに含まれていたもので，似てはいても少し別な塩基があることが発見されたといいます。（2011年NASA発表）

　その塩基とは，2,6-ジアミノプリンと6,8-ジアミノプリンなのだそうで，6-アミノプリンであるアデニンに極めて似ていますが，少し異なっているようです。この新しく発見された塩基は，隕石の落ちていた周辺の岩石などからは見つかっておらず，また地球上でこれを合成する生物もいないということから，宇宙から飛来したものと考えられているとのことです。

アデニン　　　　2,6-ジアミノプリン　　6,8-ジアミノプリン
（6-アミノプリン）

図　アデニンとアデニン類似物質

　はたして，このように少し異なった塩基を持って我々とは異なった生物がどこかの星に生存しているのか，それともまだ競合の段階の途中であって，今後地球で見られる4種類の塩基に収束されていくのか，地球外生命という観点での興味がいろいろと湧いてくるお話ですね。

　このような分野の学問は，近年盛んになりつつあるようで，アストロバイオロジー（宇宙生物学）と言われているそうです。

2 放射性核種による生体への影響（Ⅰ）

重要度 **B**

基礎問題

問題 1

放射線による DNA 損傷に関する次の文章において，誤っているものはどれか。

1. DNA 損傷の修復に関与する遺伝子には，複数のものがある。
2. DNA 損傷は，放射線からの直接作用に加えて，水の分子から派生するフリーラジカルなどによる間接作用によっても起こりうる。
3. X 線と γ 線とでは，DNA 損傷の種類が大きく異なる。
4. DNA 損傷が起きても十分にそれが修復されない場合には，遺伝的影響を与える突然変異や染色体異常などを引き起こすことがある。
5. DNA の 1 本鎖切断は 2 本鎖切断よりも多く起こる。

解説

1. DNA 損傷の種別に応じて，その修復の仕方も異なってきます。たとえば，除去修復においては，切り込み，除去，DNA 合成，結合という手順を踏みながら，それぞれの段階で別々の酵素が働きます。これらの酵素を産生するために，別々の遺伝子が関与します。生物の仕組みというものは驚くほどうまくできているのですね。
2. これも記述のとおりです。DNA 損傷は，放射線からの直接作用に加えて，水の分子から派生するフリーラジカルなどによる間接作用によっても起こり得ます。
3. X 線と γ 線とでは，エネルギーが異なりますので，損傷の頻度や程度は γ 線のほうが大きくなりますが，損傷の種類はほとんど変わりません。
4. 記述のとおりです。DNA 損傷が起きても十分にそれが修復されない場合には，遺伝的影響を与える突然変異や染色体異常などを引き起こすことがあります。

5　これも記述のとおりです。1本鎖切断の方が2本鎖切断よりも低エネルギーで起きますので，起こる頻度も多くなっています。

　　　　　　　　　　　　　　　　　　　　　　　　　　解答　3

問題 2
放射線による水分子の変化に関する次の文章の中で，誤っているものはどれか。
1　高 LET 放射線の方が生成ラジカルの密度は大きくなる。
2　ラジカルは直接作用の主たる原因物質である。
3　水和電子は，水素ラジカルを生じやすい。
4　放射線によって励起された水分子は，水素ラジカルと水酸基ラジカルを生じやすい。
5　水分子が分解したラジカルどうしの再結合によって，水分子の他に，水素や過酸化水素が生じることがある。

解説……………………………………………………………………………………
　水分子が電離する場合には，水イオンラジカル H_2O^+ と電子 e^- を生じます（H^+ と OH^- に解離すると考えてもよいのですが，より詳しくいいますと次式のようになります。最終的に H^+，H_3O^+ や OH^- を生じる以外に，水素ラジカルや水酸基ラジカルができることを説明します。もちろん，電離を経ずに水分子からいきなり水素ラジカル・H と水酸基ラジカル・OH になる反応もあります）。

$$H_2O \rightarrow H_2O^+ + e^-$$

この水イオンラジカルは非常に不安定で，分解するか他の水分子と反応するかどちらかとなります。

$$H_2O^+ \rightarrow H^+ + \cdot OH$$
$$H_2O^+ + H_2O \rightarrow H_3O^+ + \cdot OH$$

　一方，電子は周囲の水分子（複数個）に囲まれて水和電子 e^-_{aq} となります。水分子の分極（分子内で電荷が偏ること）により，水素部分が若干電子不足になっていますので，これが電子 e^- に近づくためです。水和電子は，水分子や水素イオンと反応して水素ラジカルを生じます。

$$e^-_{aq} + H_2O \rightarrow OH^- + \cdot H$$
$$e^-_{aq} + H^+ \rightarrow \cdot H$$

1 記述のとおりです。高 LET 放射線の方が，当然ながら生成ラジカルの密度は大きくなります。
2 ラジカルは間接作用の主たる原因物質です。直接作用とは，放射線自身が直接関与する作用をいい，介在する物質はありません。
3 水和電子は電子の周囲を複数の水の分子が囲んだものです。他の物質と反応することをある程度は防ぎますが，水が電離（解離）した水素イオン H^+ と出会うと水素ラジカル・H となります。H^+ は陽子なので，・H は陽子と電子が 1 個ずつで出来ています。

$$e_{aq}^- + H^+ \rightarrow \cdot H$$

4 記述のとおりです。次のような反応になります。
$H_2O +$（放射線）$\rightarrow H_2O$（励起）$\rightarrow \cdot H + \cdot OH$
5 水分子が分解したラジカルとして，・H や・OH などがあります。出会う組合せによって，水分子の他に，水素や過酸化水素が生じることがあります。

　・$H + \cdot OH \rightarrow H_2O$
　・$H + \cdot H \rightarrow H_2$
　・$OH + \cdot OH \rightarrow H_2O_2$

解答　2

> ラジカルとは，もともとの意味は「激しい」ということなんですね
> 外殻電子軌道の一つに二つ入るべき電子が一つしか入っていないものが
> とっても反応しやすいので
> ラジカルと呼ばれるんですね

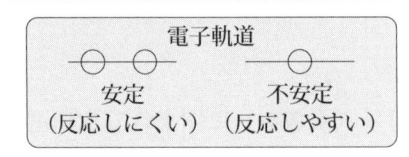

電子軌道

安定　　　　　不安定
（反応しにくい）（反応しやすい）

問題 3
放射線と細胞周期の関係に関する次の記述の中で，誤っているものはどれか。
1 放射線感受性が高い時期は，M期，および，G_1期後期からS期前期にかけてとなっている。
2 放射線の照射を受けた場合，細胞周期は基本的にM期の後半において停止する。
3 分裂死に伴って巨細胞が観察されることがある。
4 低線量の照射によってリンパ球や胸腺細胞などが死ぬ際に，高感受性の間期死が認められることがある。
5 高LET放射線では，X線などの低LET放射線に比べて，放射線感受性の細胞周期依存性が小さい。

解説
1 記述のとおりです。放射線感受性が高い時期は，M期，および，G_1期後期からS期前期にかけてとなっています。
2 遺伝情報を正確に次の細胞に伝えるために染色体の複製を正確に行う必要がありますが，このためのチェックポイントが備わっていて，細胞周期の進行状況やDNA損傷の有無などをチェックしています。次のようなチェックポイントがあって，異常が発見されるとDNA修復のために細胞分裂をいったん停止しますので，分裂遅延となります。
 イ）G_1期チェックポイント（G_1ブロックともいいます）
 ロ）S期チェックポイント
 ハ）G_2期チェックポイント（G_2ブロックともいいます）
3 細胞分裂停止や細胞死が起きてもDNAやたんぱく質の合成は継続されますので，そのために巨細胞が形成されたり，隣接細胞どうしで核の融合が起こったりすることもあります。
4 記述のとおりです。高感受性間期死は**アポトーシス**（予定されて死に至る現象）に含まれる現象です。
5 これも記述のとおりです。高LET放射線では，放射線感受性の細胞周期依存性に限らず，各種の修飾効果が小さくなっています。

解答　2

標準問題

問題4

酵素懸濁液への照射線量を一定にして，酵素濃度を変化させた場合の不活性酵素分子の個数と割合のグラフとして，正しいものはどれか。

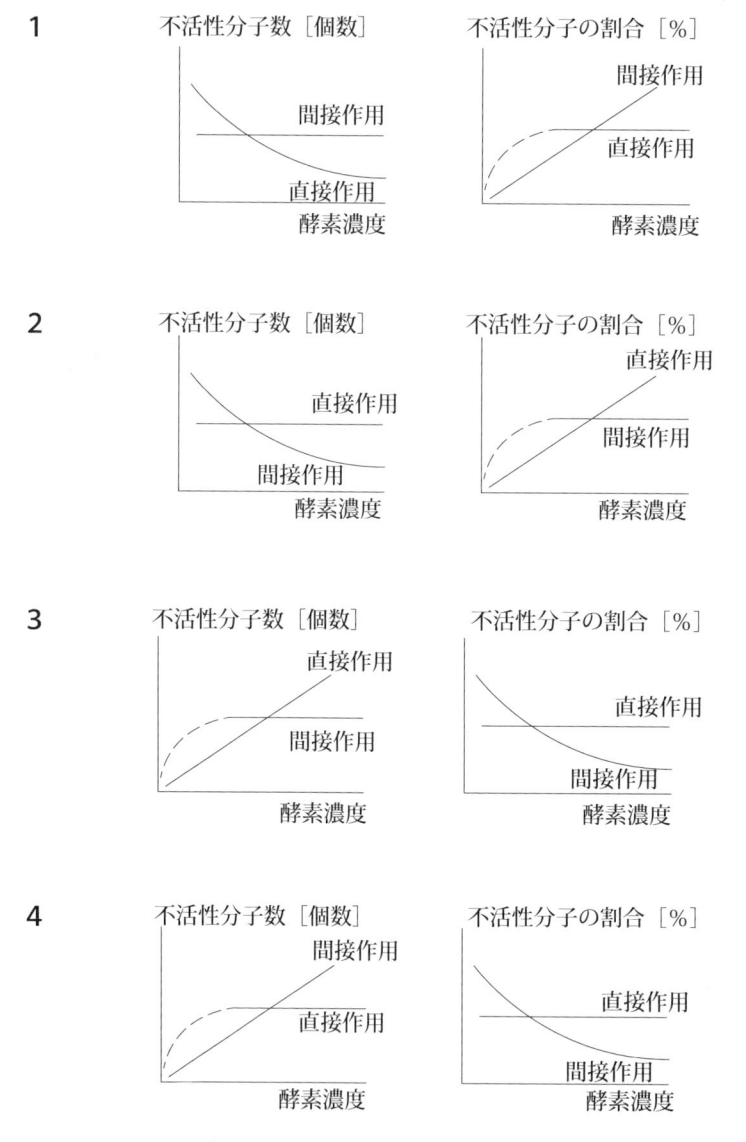

5

(図：左側グラフ「不活性分子数〔個数〕」― 間接作用／直接作用，横軸：酵素濃度。右側グラフ「不活性分子の割合〔％〕」― 間接作用／直接作用，横軸：酵素濃度。)

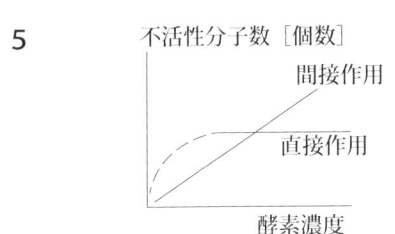

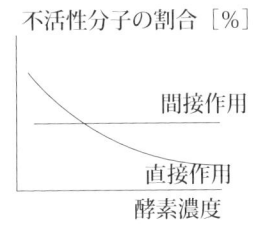

解説

　放射線影響に関して，希釈効果という効果があります。一定の照射線量では，水分子のラジカル化の度合いが一定なので，一定量のラジカルによって生じる酵素の不活性化数は，酵素濃度によらず一定で，酵素濃度が濃くなると不活性化の割合は下がるということになります。これを**希釈効果**と呼んでいます。

　DNA実験の代わりに，生体内で重要な役割を果たす酵素を対象とする実験として，酵素懸濁液（酵素が水中に浮遊している液）を放射線照射しますと，その酵素は不活性化（活性を失うこと）されます。この実験において，酵素の濃度を変化させながら，同一線量の照射をしますと，酵素濃度の増加とともに不活性化される酵素分子の割合（不活性化率）は次表のように変化します。正解は**3**となります。

表　不活性化される酵素分子の変化

	直接作用	間接作用
不活性化される分子数	酵素濃度の増加とともに増加	酵素濃度が増加しても一定
不活性化される分子の割合	酵素濃度が増加しても一定	酵素濃度の増加とともに低下

解答　3

問題 5

放射線による細胞死に関する記述として、誤っているものはどれか。

1 増殖死は、コロニー形成法で調べることができる。
2 照射によって分裂が停止した細胞においても、代謝が継続することもある。
3 潜在的致死損傷からの回復は、おおむね30分以内で完了する。
4 放射線の分割照射によって亜致死損傷が回復することがある。
5 亜致死損傷の回復において、平均致死線量とされる D_0 は変化しない。

解説

1 増殖死は、培養細胞がコロニーを作れるかどうかで判定されます。
2 照射によって分裂が停止した細胞においても、代謝が継続することがあります。巨細胞の出現なども代謝が継続することの事例です。
3 潜在的致死損傷からの回復はPLD回復と呼ばれます。本来であれば照射によって死に至る細胞が、照射後の条件によって損傷を回復する現象です。たとえば、培養細胞は増殖して密度が高くなると分裂が止まりますが（これをプラトー状態といいます）、このプラトー期の細胞を照射し、その後もそのままの状態にしておく方が、シャーレに蒔き直した場合よりも生存率は高くなります。

しかし、プラトー状態ではなくて活発に増殖する対数増殖期にはこのような現象は一般に見られません。PLD回復は、照射後の1時間以内に行われるものと、照射後2〜6時間かけて見られるものとがありますが、6時間を超えて見られることはありません。「おおむね30分以内で完了する」という表現は当たりません。
4 放射線の分割照射によって、分割しないで連続照射した場合に比べて、同じ全線量であっても、亜致死損傷が回復することがあります。
5 生存率曲線において、平均致死線量 D_0 は生存率が37%になるのに要する線量を言いますが、亜致死損傷の回復は直線でなくて、肩の部分のものです。D_0 は変化しません。

見かけのしきい線量とされる D_q が生存率曲線の右下の直線部分を左上に外挿して、生存率1.0（100%）の水平線との交点の線量値ですが、これが回復能力の指標とされます。D_q が大きい細胞は亜致死損傷（死

にかなり近い損傷)からの回復能力が高く,放射線抵抗性が大きいことを意味します。高 LET 放射線では,D_0 も D_q もともに小さくなる傾向にあります。

解答　3

問題 6
　染色体異常に関する記述として,誤っているものはどれか。
1　環状染色体や二動原体染色体は不安定型異常に属する。
2　不安定型異常は,細胞死の原因となる。
3　不安定型異常は,発がんの原因となる。
4　姉妹染色分体交換は,発生しても基本的に遺伝情報は変化しない。
5　点突然変異が起きても染色体の構造は基本的には変わらない。

解説
　安定型異常とは,染色体異常があっても細胞分裂が可能であって異常が長く残るものをいい,不安定型異常とは,細胞分裂が行えずに異常が早期に消滅するものをいいます。前者に含まれるものとして転座(2個の染色体間の部分的交換異常)や逆位(順序の入れ替わり異常),端部欠失などがあり,後者には環状染色体(リング状になる異常)や二動原体染色体(動原体は染色体のくびれのことで,これが2個できる異常)などがあります。
　環状染色体と二動原体染色体は,いずれも細胞分裂の際に染色体が両極に分かれることができないため,細胞分裂が不可能です。
1,2　いずれも正しい記述です。
3　不安定型異常は細胞分裂ができない状態となりますので,早期に除去されます。したがって,発がんの原因とはなりません。反対に,安定型異常はあとあとまで残りますので,発がんの原因となりえます。この文章が誤りとなります。
4　姉妹染色分体交換は,DNA 複製後にできる同じ遺伝子を持つ2本の染色分体のことであり,これらの間に交換が起こっても遺伝情報は変化しません。
5　点突然変異は,一つの塩基損傷のレベルでの変異ですから,この程度のことが起きても基本的には構造異常にはなりません。

解答　3

発展問題

問題7
　放射線による感受性に関する記述として，誤っているものはどれか。
1　神経細胞や筋肉細胞は，いずれも非再生系に属していて，放射線感受性は低い。
2　精原細胞，脊髄細胞，および腸腺窩細胞は，細胞再生系に属し，放射線感受性が高い。
3　精巣の細胞では，分化の過程によって放射線感受性は変化しない。
4　悪性リンパ腫は悪性黒色腫よりも放射線感受性が高い。
5　低分化型のがんの方が，高分化型のがんよりも放射線感受性が高い。

解説
1，2　これらは，記述のとおりです。神経細胞や筋肉細胞は，いずれも非再生系に属していて，放射線感受性は低いです。また，精原細胞，脊髄細胞，および腸腺窩細胞は細胞再生系に属し，放射線感受性が高いです。
3　これは誤りです。精巣の細胞では，精原細胞→精母細胞→精細胞→精子と分化が進むにつれて放射線感受性は低くなります。これは一般の細胞においても同様の傾向です。
4　悪性黒色腫は D_q が大きくて SLD 回復があるために放射線抵抗性となっています。悪性リンパ腫の方が放射線感受性は高いです。
5　一般に分化が進むほど放射線抵抗性となります。がんにおいても低分化型のがんの方が放射線感受性は高いです。

　　　　　　　　　　　　　　　　　　　　　　　　　　解答　3

問題 8

アポトーシスに関する記述として，誤っているものはどれか。
1　アポトーシスでは，巨細胞となってから細胞死を起こす。
2　アポトーシスでは，DNA を断片化する遺伝子が発現して，細胞死に至る。
3　リンパ球は，1Gy 以下の線量でアポトーシスを起こす。
4　アポトーシスは，有害細胞を除去する機能の一つとなっている。
5　アポトーシスにおいては，クロマチンの凝縮が見られる。

解説
1　これが誤りの記述です。アポトーシスでは，巨細胞とならず，断片化して細胞死を起こします。
2　記述のとおりです。アポトーシスでは，核の断片化，アポトーシス小胞の形成，マクロファージ（大食細胞，貪食細胞，免疫担当細胞の一つで，異物や老廃物を捕食して消化します）による貪食，クロマチン（染色質，染色体を作る物質）の凝縮などが見られます。
3　リンパ球は，低感受性の間期死を起こしますが，これはアポトーシスと考えられています。
4　やはり記述のとおりです。異常になってしまった細胞を排除することで個体全体に影響しないようにするための機能と考えられます。
5　クロマチンは染色質ともいわれ，染色体を作る物質のことです。アポトーシスにおいてクロマチンの凝縮が見られます。

解答　1

放射線が水の分子などにアタックして活性酸素を作り出しこれががんの原因になるらしいですね

3 放射性核種による生体への影響（Ⅱ）

重要度 B

基礎問題

問題 1

図は，放射線量と生存日数との関係を示したものである。図中の A〜C に該当する死亡パターンとして，正しいものの組合せはどれか。

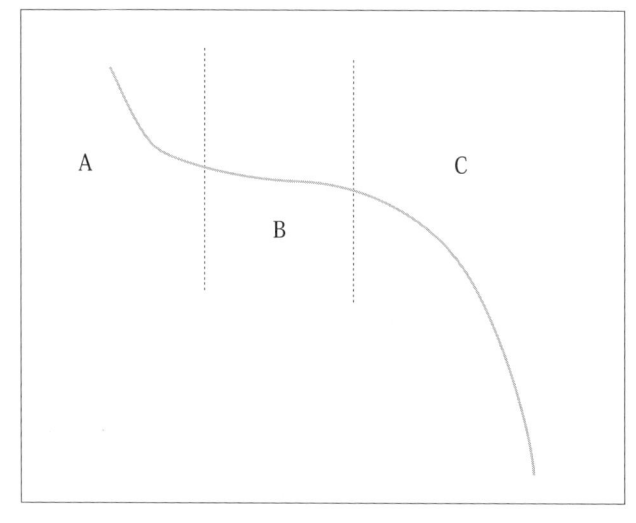

	A	B	C
1	腸死	骨髄死	中枢神経死
2	腸死	中枢神経死	骨髄死
3	骨髄死	腸死	中枢神経死
4	骨髄死	中枢神経死	腸死
5	中枢神経死	骨髄死	腸死

解説

正解は3の組合せとなります。骨髄死，腸死，中枢神経死の順に高線量になると考えるか，腸死が水平に近いグラフになると覚えるか，いろいろ工夫が必要かもしれませんね。骨髄死は造血死とも，腸死は消化管死ともいわれます。次の表で内容や傾向の確認をお願いします。

表　急性死の様式

様式	照射線量／Gy	状態
分子死	数100以上	生体を構成する重要分子の変性によって，被ばく後数時間以内に死亡します。
中枢神経死	50〜100超	被ばく直後に脳の中枢神経に異常が起き，線量の大きさによって人間では1〜5日で死に至ります。照射後の症状としては，異常運動，けいれん発作，麻痺（しびれること，感覚がなくなること），後弓反張（けいれんなどによって全身が後方弓形にそりかえる状態），震せん（震顫，震えること）などの神経症状が起きます。
腸死（消化管死）	10〜100	全身あるいは腹部への照射によって，胃腸に障害が起こります。腸の幹細胞が障害を受け，腸粘膜の欠落から，脱水，下痢，潰瘍，下血が現れ，敗血症（血液中に化膿菌などが侵入して毒素を出す疾病）によって死亡します。動物種ごとにほぼ一定の生存時間となり，マウスでは3.5日効果と呼ばれます。人間では10〜20日程度です。
骨髄死（造血死）	2〜10	骨髄などの造血臓器で幹細胞や幼若細胞の分裂が停止し，白血球や血小板が減少して，細菌感染による敗血症や出血などの症状が出ます。生存期間は，マウスで10日から一ヶ月，人間で30〜60日です。半致死線量（LD_{50}）の被ばくでは，この骨髄死が死因となります。

解答　3

問題 2

X線による数Gy程度の急性全身被ばくにおいて，末梢血液細胞における変化として誤っているものはどれか。
1　好中球の数は，被ばくから1～2日以内に一時的に増加する。
2　赤血球は血小板などと同程度の抵抗性があって，被ばく後ほぼ2週間程度で最低値を示す。
3　血小板は赤血球よりも速く減少する。
4　血小板の数は被ばく後2週間程度で最低値を示す。
5　血小板数の減少は，白血球の減少による抵抗力の低下とともに，骨髄死の原因となる。

解説
次の図をご参照下さい。

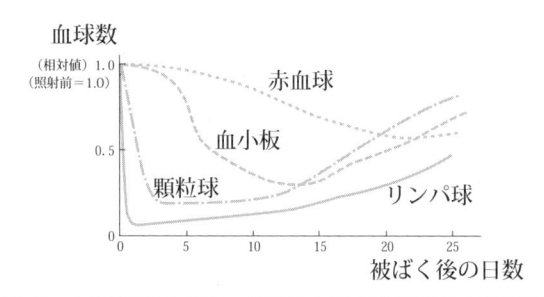

図　数Gyの全身被ばく時における末梢血液細胞数の時間的変化

1　正しい記述です。好中球は減少を補てんするために在庫されているものを一時的に取り出してきます。
2　赤血球は血小板などと同程度の抵抗性ではなくて，最も高い抵抗性を示します。最低値をとる時期も血小板などより遅くなって，被ばく後約1ヶ月弱で最低値を示します。
3　赤血球は血球の中で最も遅く減少し，しかも，減少幅も最も小さいものとなります。
4，5　いずれも記述のとおりです。

解答　2

問題3

倍加線量に関する記述として正しいものの組合せはどれか。
A　倍加線量とは，RBEを2倍にする時の線量である。
B　倍加線量とは，自然発生の突然変異率を2倍にするために必要な線量をいう。
C　倍加線量は生物種が異なっていても，一定である。
D　倍加線量が大きいほど，遺伝的影響は起こりにくい。

1　AとC　　2　AとD
3　BとC　　4　BとD
5　CとD

解説
　遺伝リスクの推定としての間接法として，倍加線量法があります。自然発生の突然変異率を2倍にするために必要な線量を倍加線量といいますが，ヒトの遺伝的疾患の自然発生率と動物実験における倍加線量を比較して推定する方法となります。国際放射線防護委員会に用いられる倍加線量の数値として，マウスを用いたγ線低線量率実験より求めた0.5～1.0Gyが推定されています。
A，B：Aが誤りで，Bが正しい説明となっています。
C　倍加線量は生物種が異なれば，変わります。誤りです。
D　正しい記述です。倍加線量が大きい（大きくしなければならない）ほど，遺伝的影響は起こりにくいです。

解答　4

標準問題

問題4

消化管の各組織において，X線被ばくによる感受性の高い順に並んでいるものとして，正しいものはどれか。

1　胃　　＞　食道　＞　大腸　＞　小腸
2　胃　　＞　小腸　＞　食道　＞　大腸
3　胃　　＞　大腸　＞　食道　＞　小腸
4　小腸　＞　大腸　＞　胃　　＞　食道
5　小腸　＞　胃　　＞　大腸　＞　食道

解説

　消化管の粘膜（消化管上皮）の底の部分は腸腺窩（クリプト，腸線は腸液分泌器，窩はあなという意味です）という孔があり，そこで繊毛細胞（食物吸収の役目）を供給する幹細胞がさかんに細胞分裂をしています。そのため，消化管，とくに小腸は放射線感受性が高くなっています。

　基本的に消化吸収の役に立っているものほど感受性も高いと考えてよいでしょう。小腸が最高で食道が最低であることは，わかりやすいと思います。あと，胃と大腸の比較は若干難しいですが，消化吸収において，大腸のほうがより多くの役割を果たしていると考えましょう。胃は吸収よりはまだ分解の仕事が大きいと思われます。正解は **4** となります。

解答　4

問題 5

　皮膚の外部被ばくに関する記述として，正しいものの組合せはどれか。
A　最も早く現れる変化は紅斑である。
B　急性障害の発生にはしきい線量が存在する。
C　30Gy の γ 線急性被ばくで難治性の潰瘍が起こる。
D　10Gy の γ 線急性被ばくの直後には，痛みを感じる。

1　ABC のみ　　2　ABD のみ　　3　BC のみ
4　D のみ　　5　ABCD すべて

解説

A　記述のとおりです。最も早く現れる変化は紅斑（初期紅斑）で，次いで二次紅斑，水泡，糜爛（爛れること），潰瘍（爛れて崩れること）の順となっています。
B　これも記述のとおりです。この障害にはしきい線量が存在します。
C　やはり記述のとおりです。20Gy を超える γ 線急性被ばくで難治性の潰瘍が起こります。
D　10Gy 程度の γ 線急性被ばくでは火傷とは異なって，症状を感じないことが特徴となっています。そのため被ばく部位の特定が困難になります。

解答　1

問題6
　放射線による発がんに関する記述として，正しいものはどれか。
1　放射線による発がんは，基本的に内部被ばくによって起こる。
2　被ばく線量とがんの悪性度には相関関係は認められない。
3　組織荷重係数とは，各組織における単位線量当たりのがん発生率のことである。
4　中性子線被ばくの場合のリスクは，中性子のエネルギーによらず一定である。
5　放射線による乳がんの過剰発症率と線量との関係はLQモデルがよく当てはまる。

解説……………………………………………………………………………
1　放射線による発がんは，内部被ばくによっても外部被ばくによっても起こります。
2　被ばく線量は，がんの発症確率とは正の相関関係が認められますが，いったん発症した場合の悪性度（重篤度）とは相関関係は認められていません。低線量で発がんしてもがんという重い症状には変わりないということです。これが正解となります。
3　組織荷重係数とは，単位線量当たりのものではなくて，各組織の確率的影響に対する寄与割合を示すものです。身体全体を積算すると1.0になるような数字です。
4　中性子線の放射線荷重係数は中性子のエネルギーに依存する関数として表されていますので，エネルギーによらず一定ということではありません。
5　過剰発症という表現は，放射線を被ばくしなくても一定の乳がんの発症がありえますので，放射線によってそれに上乗せする分が過剰発症と捉えられます。乳がんはLQモデル（直線－二次曲線モデル）には当てはまらないとされています。白血病がLQモデルに適合するといわれています。

解答　2

3　放射性核種による生体への影響（Ⅱ）

発展問題

問題 7

全身被ばくにおける急性障害について，誤っているものはどれか。

1 動物種によって被ばくの場合の致死感性は異なる。
2 細胞再生系では，幹細胞の障害が急性障害の主要因となる。
3 造血器系障害は，骨髄移植によって回復できることもある。
4 中枢神経死は，被ばくして数時間から数日で発生する。
5 腸管死の場合には，被ばく後約 6 週間程度の潜伏期間がある。

解説

1 記述のとおりです。致死感受性の指標として LD_{50} などが用いられます。
2 これも記述のとおりです。幹細胞は細胞分裂が活発で，放射線感受性も高くなっています。
3 造血機能が失われた場合に，造血器系の幹細胞を移植することで回復できることもあります。
4 中枢神経死は，15Gy 以上の被ばくで起こりますが，起こった場合には数日以内に死に至ります。
5 腸管死の潜伏期間は，10〜20 日程度です。誤りです。

解答　5

問題 8

放射線宿酔に関する文章において，誤っているものはどれか。

1 放射線宿酔は，骨髄死，腸死，中枢神経死につながる前駆症状として見られる。
2 一般に，不整脈や頻脈，低血圧などの心血管症状がある。
3 無気力，不穏状態などの精神症状が見られることがある。
4 被ばく線量が大きいほど，発症までの時間は短い。
5 症状の種類は，被ばく線量に依存しない。

解説
1 　記述のとおりです。放射線宿酔は，骨髄死，腸死，中枢神経死につながる前駆症状として見られます。
2 　これも記述のとおりです。その他にも悪心（吐き気を催すような気持ち悪い感じ）やおう吐などの胃腸症状もあります。
3，4　これらも正しい記述です。
5 　線量が低いと発現が遅れたり，症状が現れなかったりすることもありますので，症状の種類は，被ばく線量に依存するといえます。これが正解です。

解答　5

4 放射線影響に関する各種側面

重要度 **C**

基礎問題

問題 1

酸素効果に関する記述として，正しいものはどれか。

1. 酸素効果は，酸素が DNA 修復を阻害する結果として生じるものと考えられている。
2. 酸素効果は，高 LET 放射線による照射においてよく見られる。
3. 照射直後に酸素を与える時，最大の酸素効果が得られる。
4. LET が 10 ～ 100keV/μm の領域では LET の増加とともに RBE も OER も上昇する。
5. 酸素はラジカルをより有害なものにする作用があるので，間接作用を修飾する。

解説

1. 酸素効果は，放射線によって生じるラジカルを酸素がさらに強いラジカルに変えることで起こると考えられています。
2. 高 LET 放射線では，放射線が強すぎて酸素の果たす役割はあまり現れません。酸素効果は，間接作用であり低 LET 放射線においてよく発現します。
3. 酸素効果は，照射時に酸素があることが必要です。照射の後ではいくら直後であっても最大の効果にはなりません。
4. LET が 10 ～ 100keV/μm の範囲では LET の増加とともに RBE（生物学的効果比）は上昇しますが，OER（酸素増感比）はむしろ低下します。酸素効果は低 LET 放射線で 2.5～3 程度と高くなります。
5. 酸素もラジカルですが，ここでいうラジカルとは，放射線の照射によって生じたラジカルで，酸素がそのラジカルをより強いものにすることで間接作用をより高めます。これが正解です。

解答 **5**

問題2
内部被ばくに関する記述として，誤っているものはどれか。
1　内部被ばくでは，核種によらずほぼ全身に均等に影響を与える。
2　放射性核種が体内に入り込む経路としては，経口，経皮，および吸入の3経路である。
3　飛程の短い放射線を放出する核種であっても，外部被ばくと比べてその影響は大きい。
4　体内からの放射性核種の排泄の割合を示す指標として，生物学的半減期がある。
5　ラドンによる肺がんの発生では，喫煙との相乗作用が認められている。

解説
1　内部被ばくでは，核種やその化学形（化合物の形）によって沈積しやすい臓器が決まっているもの（臓器親和性）があり，ほぼ全身に均等に影響を与えるというのは言いすぎです。ごく一部の核種はほぼ全身に均等に影響を与えるものもあります。これが誤りといえます。
2　記述のとおりです。放射性核種が体内に入り込む経路としては，経口，経皮，および吸入の3経路があります。
3　皮膚などを通過せずに直接に近傍の細胞に照射されますので，影響は外部被ばくに比して大きいことが一般的です。
4　これも記述のとおりです。体内からの放射性核種の排泄の割合を示す指標として，生物学的半減期があります。
5　ラドンの放射能と喫煙の害の相乗作用が認められています。ここの相乗作用とは，それぞれの要因単独の場合の和よりも，両方が同時に影響した場合の方が大きいことをいいます。

解答　1

問題3
胎内被ばくに関する記述として，誤っているものはどれか。
1　胎内被ばくによって，確率的影響が発生する可能性がある。
2　奇形は確率的影響に分類される。
3　奇形の発生確率が高い時期は，胎児期よりも器官形成期である。

4　胎児期の被ばくでは，精神発達遅滞が起こりやすい。
5　被ばくによる胎児の発がんの確率は，成人のそれよりも高い。

解説
1　胎生期（胎内にいる期間）の全期間において，確率的影響が発生する可能性があります。
2　奇形は確定的影響に分類されます。奇形のしきい線量は，0.1～0.2Gyとされています。これが誤りです。
3　主要な臓器の形成される器官形成期（器官発生期）が影響を受けやすい時期となっています。
4　記述のとおりです。特に，8～25週の時期に起こりやすくなっています。精神発達遅滞のしきい線量は0.2～0.4Gyとされています。
5　これも記述のとおりです。被ばくによる胎児の発がんの確率は，新生児期とほぼ同様のレベルで，成人のそれよりも高くなっています。2～3倍ともいわれます。

解答　2

標準問題

問題4
遺伝的影響に関する記述として，正しいものはどれか。
1　遺伝的影響は，確定的影響に分類される。
2　生殖細胞の被ばくによって，遺伝的影響が発生する可能性がある。
3　遺伝的影響には，しきい値が報告されている。
4　原爆被ばく者の調査から，多くの遺伝的疾患の増加が報告されている。
5　遺伝的影響は，体細胞の突然変異によって引き起こされる。

解説
1　遺伝的影響は，確定的影響ではなくて，確率的影響に分類されます。
2　これは記述のとおりです。生殖細胞が被ばくしてから，子供を産むと遺伝的影響が発生する可能性があります。
3　遺伝的影響は確率的影響とされ，しきい値はないとされています。
4　原爆被ばく者の調査では，発がんの増加が認められてはいますが，ヒトの遺伝的疾患の統計的に有意な増加はほとんど確認されていません。

5 遺伝的影響は，体細胞の突然変異ではなくて，生殖細胞の突然変異によって引き起こされます。

解答　2

問題 5

内部被ばくの有効半減期を T_{eff} とする時，物理学的半減期 T_{p}，生物学的半減期 T_{b} のある平均値を T_{m} と書くと，次の関係が成り立つという。ここでいうある平均値とはどのような平均値であるか。正しいものを選べ。

$$T_{\text{eff}} = T_{\text{m}}/2$$

1　相加平均値　　2　相乗平均値
3　対数平均値　　4　調和平均値
5　加重平均値

解説

T_{p} と T_{b} についての，与えられた種類の平均値は次のようになります。

1　相加平均値　$\dfrac{T_{\text{p}}+T_{\text{b}}}{2}$

2　相乗平均値　$\sqrt{T_{\text{p}}T_{\text{b}}}$

3　対数平均値　$\dfrac{T_{\text{p}}-T_{\text{b}}}{\ln(T_{\text{p}}/T_{\text{b}})}$

4　調和平均値　$\dfrac{2T_{\text{p}}T_{\text{b}}}{T_{\text{p}}+T_{\text{b}}}$

5　加重平均値（T_{p} および T_{b} に関する加重をそれぞれ W_{p} および W_{b} として，）

$$\dfrac{T_{\text{p}}W_{\text{p}}+T_{\text{b}}W_{\text{b}}}{W_{\text{p}}+W_{\text{b}}}$$

一方，内部被ばくの有効半減期 T_{eff} は，物理学的半減期 T_{p} および生物学的半減期 T_{b} で表しますと，次のような関係があったことを思い出します。

$$\dfrac{1}{T_{\text{eff}}} = \dfrac{1}{T_{\text{p}}} + \dfrac{1}{T_{\text{b}}}$$

∴

$$\dfrac{1}{T_{\text{eff}}} = \dfrac{T_{\text{p}}+T_{\text{b}}}{T_{\text{p}}T_{\text{b}}}$$

この式の逆数をとって，すなわち，分母と分子を入れ替えて，

$$T_{\text{eff}} = \frac{T_p T_b}{T_p + T_b}$$

これは，よく見ますと，調和平均の半分であることがわかります。

解答　4

問題 6

標識化合物の利用に関する記述について，誤っているものはどれか。
1　[^{18}F] フルオロデオキシグルコースは，陽電子放射断層撮影（PET）診断に用いられている。
2　[^{11}C] メチオニンは陽電子放射断層撮影（PET）診断に用いられる。
3　[^{67}Ga] クエン酸ガリウムは，腫瘍シンチグラフィーに用いられる。
4　[^{13}N] アンモニアは DNA 合成量の測定に用いられる。
5　[^{15}O] 二酸化炭素は，吸入投与により，脳血流量の検査に利用されている。

解説

1　ふっ素の安定核種は ^{19}F（9p, 10n）で，^{18}F（9p, 9n）はそれに比して相対的に陽子過剰になっていて，陽電子 β^+ を放出します。

$$^{18}_{9}\text{F} \rightarrow {}^{18}_{8}\text{O} + \beta^+ + \nu$$

陽子については次の反応が起きています。

$$p \rightarrow n + \beta^+ + \nu$$

^{18}F の半減期は 109.8 分であって，がん細胞が正常細胞よりもグルコースを取り込みやすいことを利用した診断法となっています。ただし糖代謝が高い脳では限界がありますので，そのために [^{11}C] メチオニンによる診断が行われます。

2　^{11}C は，陽子が中性子より多いため次のように壊変して陽電子 β^+ を放出します。ν はニュートリノです。

$$^{11}_{6}\text{C} \rightarrow {}^{11}_{5}\text{B} + \beta^+ + \nu$$

やはり陽子は次のように変化します。

$$p \rightarrow n + \beta^+ + \nu$$

^{11}C の半減期は 20.39 分で，脳腫瘍の診断に用いられます。脳細胞はグルコースの取り込みが大きいので，PET で一般に用いられる FDG（フルオロデオキシグルコース）では脳腫瘍の診断ができないために開発されたものです。

3 これも記述のとおりです。^{67}Ga は軌道電子捕獲によって陽子が次のように変化します。

$$p + e^- \to n + \nu$$

したがって全体の反応は次のようになります。

$$^{67}_{31}\text{Ga} + e^- \to {^{67}_{30}}\text{Zn} + \nu$$

そして，3種のγ線（3段階のエネルギーレベルを持つγ線）が放出されます。

4 [^{13}N] アンモニアは DNA 合成量の測定ではなくて，静脈注射によって心筋血流量の検査に用いられます。

5 これは記述のとおりです。[^{15}O] 二酸化炭素は，吸入投与により，脳血流量の検査に利用されています。

解答 4

発展問題

問題 7

体内において新陳代謝に伴って放射性物質が濃度減少する過程の半減期を生物学的半減期というが，これに対して壊変反応そのものの半減期を物理学的半減期という。物理学的半減期が τ_1 である壊変反応によって減少する放射性物質が，ある生物の体内で生物学的半減期 τ_2 により原初する場合，これら二種の半減期を総合する実効半減期 τ を τ_1 および τ_2 で表すと，次のうちのどれになるか。

1 $\tau_1 + \tau_2$　　2 $\dfrac{\tau_1 \tau_2}{\tau_1 + \tau_2}$　　3 $\dfrac{\tau_1 \tau_2}{\tau_1 - \tau_2}$　　4 $\dfrac{\tau_1^3 + \tau_2^3}{\tau_1 \tau_2}$　　5 $\dfrac{(\tau_1 - \tau_2)^3}{\tau_1 \tau_2}$

解説

両半減期を合わせた式を書いてみます。それぞれの壊変定数（減少定数）を λ_1，および λ_2 とし，その核種の量を [X] と書くことにしますと，

$$-\dfrac{d[X]}{dt} = \lambda_1 [X] + \lambda_2 [X] = (\lambda_1 + \lambda_2)[X]$$

与えられた半減期との関係は，個別に次のようになります。

$$\lambda_1 = \frac{\ln 2}{\tau_1} \quad \lambda_2 = \frac{\ln 2}{\tau_2}$$

従って，両方を合わせた半減期（実効半減期，有効半減期）τ は，$\lambda = \lambda_1 + \lambda_2$ によって，次のように書けます。

$$\tau = \frac{\ln 2}{\lambda} = \frac{\ln 2}{\lambda_1 + \lambda_2} = \frac{\ln 2}{\frac{\ln 2}{\tau_1} + \frac{\ln 2}{\tau_2}} = \frac{\tau_1 \tau_2}{\tau_1 + \tau_2}$$

これを整理しますと次のように書けます

$$\frac{1}{\tau} = \frac{1}{\tau_1} + \frac{1}{\tau_2}$$

解答　2

> 放射性核種が壊変によって減るのが物理学的半減期で生物の体内の代謝で減るのが生物学的半減期なんですね

問題 8

酸素や活性酸素に関する記述として，正しいものの組合せはどれか。

A　酸素分子はフリーラジカルである。
B　酸素分子が，1電子還元されるとスーパーオキシドラジカルとなる。
C　酸素分子が，2電子還元されると水中では過酸化水素ができる。
D　酸素分子が，3電子還元されると水中ではヒドロキシルラジカルが生じる。
E　酸素分子が，4電子還元されると水中では結局水となる。
F　活性酸素と呼ばれるものは，ヒドロキシルラジカルとスーパーオキシドラジカルの2種類である。

1　ABC のみ　　2　ACD のみ
3　BCDE のみ　　4　DEF のみ
5　ABCDE のみ

解説

A〜E までが正しい記述となっています。

A　フリーラジカルとは，不対電子を持つ原子団や分子をいうものです。酸素分子がフリーラジカルとは不思議に思われるかもしれませんが，酸素分子は，O＝O という単純な二重結合ではなかったのです。図のように，・O－O・ という形だったのです。不対電子 2 個を持つフリーラジカル分子です。

・Ö：Ö・　（電子 12 個）

図　酸素分子とその電子配置

そのため，:N≡N: という構造である窒素分子が極めて安定で反応性に乏しいのに対して，酸素分子は金属をさびさせることやものの燃焼反応を起こすことのように反応性が高い物質となっています。

B　還元とは，本来は酸素を奪うことで，酸化の正反対のことだったのですが，水素を与えることや電子を与えることも還元とされています。いずれも酸化数を減少させるということで共通とされています。1 電子還元とは酸素分子に電子を一つ加えることであって，その結果 O_2^- という形になります。図の右側の酸素原子の電子が通常の酸素分子より一つ多いですね。これがスーパーオキシドラジカルです。

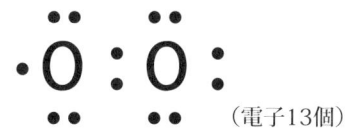

・Ö：Ö:　（電子 13 個）

図　スーパーオキシドラジカルとその電子配置

C　酸素分子に電子が 2 個加えられますと，図のような電子 14 個の形になります。図の左の状態では安定が悪いこと（電子過剰原子団）で，水の中の陽イオンである水素イオン（陽子だけのもの）を捕まえて過酸化水素 H_2O_2 となります。

$$:\!\ddot{\underset{..}{O}}\!:\!\ddot{\underset{..}{O}}\!: + 2H^+ \longrightarrow [H\!:\!\ddot{\underset{..}{O}}\!:\!\ddot{\underset{..}{O}}\!:H]^{2+}$$

（電子14個）　　　　　　　　　　　　（電子14個）

図　過酸化水素の生成とその電子配置

D　電子が3個与えられますと，全体で15個の電子を持つことになります。やはり安定性が悪いため水中の水素イオンを捕まえて二つに分離し，次の図のように水分子とヒドロキシルラジカル・OH になります。図では結果だけを描いています。

$$H\!:\!\ddot{\underset{..}{O}}\!:H \ + \ \cdot\ddot{\underset{..}{O}}\!:H$$

（電子8個）　　　（電子7個）

図　水とヒドロキシルラジカル

E　電子が酸素分子の12個に対して，4個増えることで16個になり，これを二つの酸素原子が仲良く8個ずつ分け合い（全部で4個の水素イオンを捕まえて）水分子を二つ形成します。

$$2\ H\!:\!\ddot{\underset{..}{O}}\!:H$$

（電子8個）×2

図　二つの水分子とその電子配置

F　活性酸素に属するものは，ヒドロキシルラジカル・OH とスーパーオキシドラジカル O_2^- の2種類に加えて，過酸化水素 H_2O_2 と一重項酸素の合計4種類です。一重項酸素は $^1O_2$ と書かれ，通常の酸素（三重項酸素）が光や放射線で励起されて2つの不対電子がペアになったものです。過酸化水素と一重項酸素は不対電子がありませんので，ラジカルではありません。

解答　5

ぼくたちは
活性酸素の四兄弟だね

$^1O_2$　　H_2O_2　　O_2^-　　$\cdot OH$

以上の問題には
出てきませんでしたが
ベルゴニ・トリボンドの法則も
試験に出やすいので大事ですね

トリボンドといっても
結合（ボンド）が三つあるという
わけではないんですね

第4章

放射線の管理測定技術

放射線なんて
いったいどんな機器で
測定するんだろう

1 放射線の測定

重要度 A

基礎問題

問題 1

電離箱式サーベイメータに関する記述として，正しいものはどれか。

1. 電離箱式サーベイメータは，1cm 線量当量率を測定する場合のエネルギー特性が良好である。
2. 電離箱では，ガス増幅作用で電離電流を増幅している。
3. 電離箱式サーベイメータは，一般に充てん気体としてヘリウムが使用される。
4. 電離箱式サーベイメータでは，β 線の線量測定は難しい。
5. 電離箱式サーベイメータは，γ 線に対する感度が高い。

解説

1. 記述のとおりです。電離箱式サーベイメータは，1cm 線量当量率を測定する場合のエネルギー特性が良好です。
2. 電離箱の領域では，ガス増幅作用は起きません。
3. 電離箱式サーベイメータには，通常は充てん気体として空気が使用されます。
4. 電離箱前面の壁（キャップ）を外し，薄窓を露出させることができますので，薄窓から直接に β 線を入射させることによって β 線の線量測定が可能です。
5. γ 線に対する感度は，シンチレーション式の方が高くなっています。ただし，電離箱式は γ 線のエネルギー依存性が小さいという特徴があります。大きな傾向として次のようになっています。

【エネルギー依存性】
　　（良）　電離箱式＞GM 管式＞シンチレーション式　（不良）

【感度】
　　（高い）　シンチレーション式＞GM 管式＞電離箱式　（低い）

問題 2

NaI(Tl) シンチレータに関する記述として、正しいものはどれか。

1. 蛍光物質の代表例としては、NaI, CsI, LiI, ZnS, CaWO$_4$ などがある。
2. ^{60}Co の 2 本の γ 線ピークは、一つのピークに重なって観察されるので、区別できない。
3. ダブルエスケープピークは、シングルエスケープピークよりも高エネルギー側に観測される。
4. NaI(Tl) シンチレータは有機シンチレータに分類される。
5. NaI(Tl) シンチレータにおいて、エネルギー分解能の絶対値は、入射光子のエネルギーにほぼ比例する。

解説

1. 記述のとおりです。それぞれの日本語名は NaI（よう化ナトリウム）、CsI（よう化セシウム）、LiI（よう化リチウム）、ZnS（硫化亜鉛）、CaWO$_4$（タングステン酸カルシウム）などとなっています。
2. NaI(Tl) シンチレータの ^{60}Co の 2 本の γ 線ピークにおける分解能は約 7% で、2 本のピークのエネルギー差が 12% 程度ですので、十分に区別できます。
3. ダブルエスケープピークやシングルエスケープピークは、電子対生成（消滅光子の逃避）に由来するピークで、γ 線のエネルギー $h\nu$ よりも電子質量のエネルギー換算分（m_ec^2, m_e は電子質量）だけ低いエネルギーのピークです。ダブルエスケープピークは $h\nu - 2m_ec^2$ の位置に、シングルエスケープピークは $h\nu - m_ec^2$ の位置に観測されます。つまりダブルエスケープピークは、シングルエスケープピークよりも低エネルギー側に現れます。
4. NaI(Tl) は無機物質ですので、NaI(Tl) シンチレータは無機シンチレータに分類されます。
5. エネルギー分解能の絶対値は、入射光子のエネルギーの平方根にほぼ比例します。標準偏差が計数値の平方根になることと併せて頭に入れておきましょう。

解答　1

問題 3

GM 管式のサーベイメータにおいて，分解時間を T，見かけの計数率を n とするとき，真の計数率 n_0 は，どのように表されるか。

1　$(1+nT)n$　　2　$(1-nT)n$　　3　$\dfrac{n^2}{1-nT}$

4　$\dfrac{n}{1+nT}$　　5　$\dfrac{n}{1-nT}$

解説……………………………………………………………………………

GM 管式では，放射線が入射しても出力が現れない時間（すなわち，検出器が働いていない時間）があり，これを**不感時間**（通常 $100 \sim 200\mu s$）といいます。放射線強度が強すぎますと，不感状態が続き機能停止することがあり，これを**窒息現象**と呼びます。不感時間を含んでパルスが現れるまでの時間を**分解時間**，正常なパルスに戻るまでの時間を**回復時間**といいます。

　　　　不感時間＜分解時間＜回復時間

という大小関係になります。これらの現象による**数え落とし**の補正が必要となりますが，それは次のように行われます。分解時間を T [s]，（見かけの）**計数率**を n [cps＝s^{-1}] としますと，**真の計数率 n_0** は，次の式で求められます。つまり，検出器が働いている時間の計数率に換算していることになります。

$$n_0 = \dfrac{n}{1-nT}\,[\text{s}^{-1}]$$

ここで，n や n_0 は 1 秒間当たりの計数値で，cps 単位（count per second）となります。簡便には不感時間と分解時間を等しいとして扱うこともあります。

解答　5

標準問題

問題 4

ある GM 計数管の分解時間が $100\,\mu s$ であるという。この計数管を用いて放射性試料を測定したところ，4,800cpm であった。この測定における数え落としの割合として，最も近いとみられるものはどれか。

1   0.2%   2   0.4%
3   0.6%   4   0.8%
5   1.0%

解説

　数え落としとは，分解時間という検出器が働かない時間におけるカウント数（実際にはカウントされませんが）のことで，みかけの計数率を n $[\mathrm{s}^{-1}]$，真の計数率を n_0 $[\mathrm{s}^{-1}]$，分解時間を τ $[\mathrm{s}]$ としますと，次式が成り立ちます。

$$n_0 = \frac{n}{1 - n\tau}$$

　つまり，真の計数率は，見かけの計数率を働いている時間の割合 $(1-n\tau)$ で割って求めます。本問では，見かけの計数率 n は，

$$4{,}800 \div 60 = 80\,\mathrm{cps} = 80\,\mathrm{s}^{-1}$$

分解時間は $100\,\mu\mathrm{s}$ ということなので，数え落としの割合は，働いていない割合 $n\tau$ から，

$$n\tau = 80\,\mathrm{s}^{-1} \times 100\,\mu\mathrm{s} = 8{,}000 \times 10^{-6} = 8 \times 10^{-3} = 0.008 = 0.8\%$$

解答　4

問題 5

　高純度ゲルマニウム検出器に関する記述として，正しいものはどれか。
1   空乏層の厚さは，印加電圧に依存しない。
2   高純度ゲルマニウムには潮解性がある。
3   数 keV という低エネルギーの特性 X 線を測定できるものもある。
4   高純度ゲルマニウム検出器は室温で保管してはならない。
5   高純度ゲルマニウム検出器は室温でも作動する。

解説

高純度ゲルマニウム検出器による検出について，高エネルギーの γ 線検出には大きな空乏層が必要ですので，円筒状の高純度ゲルマニウム結晶の中心部分からリチウムを熱拡散させて陽極とし，外周からはほう素を注入して陰極とします。この電極間に高電圧をかけますと，厚い空乏層が円筒状に発生します。ゲルマニウムの原子番号は 32 と大きいため，光電効果によって γ 線の検出が容易です。使用時には半導体の熱による電流漏れを防ぐために，液体窒素温度（77K）に冷却します（長い時間使用しない場合には常温にしてもかまいません）。これにも，円筒型の他に，井戸型（ウェル型）や平板型（プレーナ型，低エネルギー γ（X）線用）があります。

1 空乏層とは，半導体に逆印加電圧をかけた際に，伝導体にはほとんど電子が存在しない領域のことです。空乏層の厚さは，印加電圧に依存します。印加電圧を大きくしますと，空乏層も厚くなります。
2 潮解性とは，空気中の水分を吸ってそれに溶ける現象ですが，高純度ゲルマニウムに潮解性はありません。潮解性は NaI にあります。
3 正しい記述です。広領域型というタイプの高純度ゲルマニウム検出器は，数 keV という低エネルギーの特性 X 線も測定できます。
4 高純度ゲルマニウム検出器は使用する際には冷却を必要としますが，長期間使用しない場合には室温で保存できます。
5 高純度ゲルマニウム検出器は室温でも保管できますが，使用する際には冷却する必要があります。

解答 3

問題 6

化学作用に関する次の記述において，正しいものはどれか。

1 化学作用の最終検出は，一般に化学変化による水溶液の色の変化が赤外線吸収の吸光度で測定される。
2 セリウム線量計は，セリウムイオン Ce^{4+} が酸化されて Ce^{3+} になる反応を利用している。
3 セリウム線量計では，硫酸セリウムの水溶液がよく用いられる。
4 鉄線量計は，次の反応を利用した線量計である。
   $Fe^{3+} + e^- \rightarrow Fe^{2+}$

5 鉄線量計では，塩酸第一鉄の水溶液が最も多く用いられる。

解説
1 化学変化による水溶液の色の変化は赤外線吸収では測定できません。これは紫外線吸収による測定です。紫外線吸収分光光度計が用いられます。
2 セリウムイオン Ce^{4+} が Ce^{3+} になる反応は還元反応です。セリウム線量計がこれを利用していることは正しいです。
3 これは記述のとおりです。硫酸セリウムは $Ce(SO_4)_2$ という化学式です。
4 記述の反応式は鉄イオン（第二鉄イオン）を還元して第一鉄イオンにしている反応ですが，鉄線量計はその逆の反応で，第一鉄イオン（Fe^{2+}）を酸化して第二鉄イオン（Fe^{3+}）にする反応を利用しています。すなわち，次の反応です。
$$Fe^{2+} \rightarrow Fe^{3+} + e^-$$
5 鉄線量計では，塩酸第一鉄ではなくて，硫酸第一鉄（$FeSO_4$）が最も多く用いられます。

解答　3

発展問題

問題7
写真作用に関する次の記述において，誤っているものを選べ。
1 写真乳剤が塗られたフィルムに可視光やエックス線が当たると，乳剤中に潜像が形成される。
2 写真を感光させる作用を写真作用あるいは黒化作用といっている。
3 乳剤には，臭化水銀などのハロゲン化水銀が含まれている。
4 乳剤に含まれるハロゲン化金属の結晶粒が荷電粒子等の通過によってイオン対となり，励起された電子が結晶粒内に金属イオンを金属原子として集めて現像核である潜像をつくる。これを現像すると，黒化金属粒子となって，目に見えるものとなる。
5 写真作用を利用してフィルムバッジなどが作られている。

解説……………………………………………………………………………………

　放射線は化学物質の反応を起こさせる作用を持ちます。これが**化学作用**です。その中でも，写真を感光させる作用を**写真作用（黒化作用）**といっています。写真乳剤が塗られたフィルムに可視光やX線が当たりますと，乳剤中に潜像が形成されます。すなわち，乳剤に含まれるハロゲン化銀（臭化銀など）の結晶粒が荷電粒子等の通過によってイオン対となり，励起された電子が結晶粒内に銀イオンを銀原子として集めて現像核（**潜像**）をつくります。これを現像しますと，黒化銀粒子となって，目に見える像が現れますが，これが写真の原理です。被ばく程度に応じて黒化度の異なる像となります。X線が起こす，このような作用をX線の写真作用といっています。

　写真作用を利用してフィルムバッジなどが作られています。
1　解説にありますように，記述のとおりです。
2　これも記述のとおりです。写真作用も広い意味では化学作用の一部になります。
3　乳剤には，臭化銀などのハロゲン化銀が含まれています。水銀ではありません。
4，5　これらも正しい記述です。

解答　3

問題8

蛍光作用を利用した線量計に関する記述として，正しいものはどれか。
1　熱蛍光作用とは，熱ルミネッセンス作用ともいわれ，エックス線の照射による電離作用の結果生じた電磁波が結晶中の格子欠陥に捕捉されて蓄積され，それを加熱すると，捕捉されていた電磁波が開放されて蛍光を発する現象のことである。
2　蛍光物質からの光は微弱なので，これを増幅する必要があるが，一般に光電子倍増管で大きな電気信号に変換される。
3　熱ルミネッセンス作用に基づいた線量計を熱蛍光線量計と呼んで，LTDなどと略記する。
4　熱蛍光線量計においては，熱ルミネッセンス物質を，ロッド状，ペレット状，シート状に成型した素子として使われ，これをホルダーに収めて線量計とする。

5　熱蛍光線量計の素子は，一度使用すると再使用ができない。

解説……………………………………………………………………………

1　X 線の照射による電離作用の結果生じるものは電磁波ではなくて，自由電子です。その自由電子が結晶中の格子欠陥に捕捉され蓄積されるのですが，その結晶を加熱すると，捕捉されていた電子が開放されて蛍光を発するのです。

2　蛍光物質からの光を増幅する機器は，光電子倍増管とは言わずに，増と倍の文字が入れ替わっているだけですが，光電子増倍管といわれます。

3　熱ルミネッセンス作用に基づいた線量計が熱蛍光線量計であることは正しいですが，その略記は Thermal Luminescence Dosimeter の頭文字から TLD とされます。

4　これは正しい記述です。ロッド状は棒状，ペレット状は粒状，シート状は平面状の形状を意味しています。

5　熱蛍光線量計の素子は，一度使用しても 400〜500℃ の熱処理である加熱アニーリングをすることで再利用が可能です。加熱測定によって捕捉されていた電子の開放が一斉に行われますので，一回の測定においては読み取りが一回だけとなっています。

解答　4

2 放射線の管理

重要度 B

基礎問題

問題 1

総カウント数が 10,000 であるような測定値の真の値が 95.4% の確率で入るような範囲として正しいものはどれか。

1　9,950〜10,050　　2　9,900〜10,100
3　9,850〜10,150　　4　9,800〜10,200
5　9,750〜10,250

解説

放射能の計数値 N の統計として，N は非常に大きな数ですので，正規分布に従うとみなされます。その時の標準偏差 σ は，計数値の平方根 $\sqrt{N}$ とされています。

計数値は，計数値の平均値（計数値の期待値）と標準偏差（計数誤差の大きさ）とで次のように表されます。

$$（計数値）±（計数誤差）= N ± \sqrt{N}$$

また，統計理論によれば，正規分布の場合に，平均値（期待値）を中心として $±\sigma$ の中に入るものは 68.3%，$±2\sigma$ の中に入るものは 95.4%，$±3\sigma$ の中に入るものは 99.7% となっていますが，これらの数字は重要ですので，頭に入れておかれるとよいでしょう。

したがって，本問で総計数が 10,000 であるというのですから，標準偏差はその平方根で 100 になります。95.4% の確率で入る範囲は

$$±2\sigma = ±200$$

ですから，**4** の 9,800〜10,200 となります。

解答　**4**

問題 2

試料の全計数率が $\alpha \pm \varepsilon_1$，バックグラウンド計数率が $\beta \pm \varepsilon_2$ であった。真の計数率はどのようになると考えられるか。

1　$\alpha + \beta \pm (\varepsilon_1 + \varepsilon_2)$　　2　$\alpha - \beta \pm (\varepsilon_1 - \varepsilon_2)$　　3　$\alpha + \beta \pm (\varepsilon_1^2 + \varepsilon_2^2)$
4　$\alpha - \beta \pm \sqrt{\varepsilon_1^2 + \varepsilon_2^2}$　　5　$\alpha - \beta \pm \sqrt{\varepsilon_1^2 - \varepsilon_2^2}$

解説

真の計数率は平均値としては全計数率からバックグラウンド計数率を引いたものですので，$\alpha - \beta$ となります。±の次に記されているのは標準偏差です。二つの量の和あるいは差については，それらの分散（標準偏差の2乗）の和が合成された分散となりますので，標準偏差の2乗の和をルートして，

$$\sqrt{\varepsilon_1^2 + \varepsilon_2^2}$$

よって，求める真の計数率は

$$\alpha - \beta \pm \sqrt{\varepsilon_1^2 + \varepsilon_2^2}$$

となります。

解答　4

問題 3

γ 線の点線源の近くで働く放射線業務従事者への被ばくを 1/10 にするための措置として正しいものの組合せは次のうちどれか。ただし，この鉛板の半価層は 1.0cm であるとする。また，$\log 2 = 0.3$ を用いてよい。

A　作業箇所を遮へいするような鉛板（厚さ 3.3cm）を設ける。
B　作業者が作業する位置を約 3 倍の距離に遠ざける。
C　作業者の作業時間を 1/10 にする。

1　A のみ　　2　A と B のみ
3　B のみ　　4　B と C のみ
5　ABC のすべて

解説

A　正しい記述です。半価層を $x_{1/2}$ と書くことにしますと，半価層が $x_{1/2}$ の材料で放射線の強度を $1/n$ に減弱する時に必要な厚さ x を含む関係式は，次のようになります。

$1/n = (1/2)^{x/x_{1/2}}$

本問では 1/10 にするので，それと $x_{1/2} = 1.0$ cm とを代入しますと，

$1/10 = (1/2)^x$

∴

$10 = 2^x$

一方，$\log 2 = 0.3$ であることより，

$10^{0.3} = 2$

$10 = 2^{1/0.3} = 2^{3.3}$

したがって，

$x = 3.3$ cm

B これも正しい記述です。点線源からの放射線の強度は距離の 2 乗に反比例しますので，距離を $\sqrt{10} ≒ 3.16$ 倍にしますと，放射線強度は 1/10 になります。

C これもやはり正しい記述です。被ばく量は作業時間に比例しますので，作業時間を 1/10 にすることでも被ばく量を 1/10 にできます。

|解答 5|

標準問題

問題 4

放射線同位元素を用いた機器とその原理に関する記述として，誤っているものはどれか。

1 厚さ計は，試料による放射線の減弱や散乱を利用している。
2 ^{60}Co および ^{137}Cs は β 壊変して β 線を発するが，それらの壊変の結果生成する核種である，それぞれ ^{63}Ni* および ^{137m}Ba が γ 線を放出するので，この γ 線がレベル計や密度計に利用されている。
3 線源装置の開閉に連動して，その使用中は出入口の扉が開かないようにすることや，あるいは，出入口の扉を開けると放射線の照射が停止するようにされているものをインターロック装置というが，そのために放射性核種 ^{241}Am が広く利用されている。
4 ^{85}Kr や ^{147}Pm などの発する低エネルギー β 線は，ごく薄い紙やビニールシート，ポリエチレンシートなどの厚さ計として使用される。
5 ガスクロマトグラフ用 ECD は β 線によって生じた電子が試料気体に捕獲されることを用いている。

解説

　正解は，3 となります。放射線利用機器と利用されている核種のおもなものを表にまとめますと次のようになります。試験にもこれらの中からかなり出題されています。

表　放射線利用機器と利用されている核種

利用機器	利用核種
硫黄分析計	^{55}Fe（励起型），^{241}Am（透過型）
骨塩定量分析装置	^{125}I，^{241}Am
インターロック装置	^{60}Co
たばこ量目制御装置	^{90}Sr
厚さ計	^{85}Kr，^{90}Sr，^{137}Cs，^{147}Pm，^{204}Tl，^{241}Am
密度計，レベル計	^{60}Co，^{137}Cs
水分計[1]	^{226}Ra–Be，^{241}Am–Be，^{252}Cf
スラブ位置検出装置[2]	^{60}Co
蛍光X線装置	^{55}Fe，^{241}Am
煙感知器	^{241}Am
非破壊検査装置	^{60}Co，^{137}Cs，^{192}Ir
ラジオグラフィー[3]	^{137}Cs，^{192}Ir
ガスクロマトグラフ用ECD[4]	^{63}Ni

1) 水分計は中性子線を利用しています。^{226}Ra や ^{241}Am は直接に中性子を出しませんが，これらが放出する α 線が Be に衝突して（α, n）反応を起こし，中性子が放出されます。
2) スラブとは，製鉄工程における厚めの圧延鋼材のことをいいます。
3) ラジオグラフィーとは，放射線を用いて画像を作る方法の総称で，X線写真もこれに属します。
4) ガスクロマトグラフ用 ECD とは，ガスクロマトグラフの検出器（濃度測定部）として用いられる物の一種で，電子捕獲型検出器のことです。

1　記述のとおりです。厚さ計には，放射線が物質によって吸収や減弱される現象を利用した透過型，後方散乱現象を利用した反射型（散乱型），さらには，蛍光X線を利用した励起型などがあります。
2　これも記述のとおりです。
3　これは誤りです。インターロック装置の説明は記述のとおりですが，

そのために広く利用されているものは ^{241}Am ではなくて，^{60}Co となっています。
4　記述のとおりです。これらの線源は電着や薄い膜で封じられているだけなので，密封が破れやすくなっています。要注意です。
5　ガスクロマトグラフ用 ECD（電子捕獲型検出器）は ^{63}Ni などの放射性物質からの β 線によってガスが電離することを利用しています。β 線によって生じた電子はクロマトグラフのキャリアガス内ではイオン化されていますが，このイオン化された電子が試料気体に捕獲されますと，マイナスイオンの質量が電子に比べて非常に大きいため，プラス極への移動速度が遅くなります。それでプラス極に移る前に検出器を通ることでイオン化電流が減少して記録計に表れます。

解答　3

問題 5

放射線の遮へいに関する記述として，誤っているものはどれか。
1　α 線は 0.25mm 程度の薄いゴム手袋でも遮へいできる。
2　β^+ 線の遮へいは，基本的に β^- 線の遮へいと同様に行えばよい。
3　高エネルギー β 線は，制動放射線に対する遮へいも必要となる。
4　γ 線に対する鉛の遮へい能力は，同じ厚さの鉄によるそれよりも大きい。
5　速中性子の遮へいには，水素を多く含むものを用いるとよい。

解説
1　記述のとおりです。α 線は透過力が小さいので，その飛程も数 cm です。
2　β^+ 線では，陽電子の消滅に伴う 0.511MeV×2 の光子に対する遮へいも必要となりますので，β^- 線の遮へいと同様にというわけにはいきません。
3　β 線などの荷電粒子は，電場などによって減速側に加速度を受けて減速する際に，失うエネルギーの分だけ X 線を放出します。これを制動 X 線と呼んでいます。強い β 線では，これに対する遮へいも必要となります。
4　記述のとおりです。鉛の方が遮へい能力は大きいです。

5　これも記述のとおりです。速中性子は散乱によってエネルギーを失う際に、中性子と質量が同じ程度の相手の場合に最も効果的に減速されます。

解答　2

問題6

^{60}Co 密封線源から 3m 離れた位置の 1cm 線量当量率を測定したところ 32μSv/h であった。これを 5cm の厚さの鉛板で遮へいすると，1cm 線量当量率はどの程度まで下がると見られるか。ただし，^{60}Co からの γ 線のこの鉛板に対する線減弱係数は 0.69cm^{-1} で，ln 2 = 0.69 とし，散乱 γ 線による影響はないものとする。

1　1μSv/h　　2　2μSv/h　　3　3μSv/h
4　4μSv/h　　5　5μSv/h

解説

放射線減弱係数を用いた解法

物質中における放射線の強度 I [μSv/h] は，物質への入射直後の強度 I_0 と，物質への入射深さ x [cm] とにより減弱係数 μ を用いて，次のように表されます。

$$I = I_0 \exp(-\mu x)$$

この関数を減弱関数ということがあります。本問において，この式に，$I_0 = 32$μSv/h, $x = 5$cm, $\mu = 0.69$cm^{-1} などを代入しますと，

$$I = 32 \exp(-0.69 \times 5) = 32\{\exp(0.69)\}^{-5}$$

ここで，$\exp x = e^x$ であることと、公式 $a^{xy} = (a^x)^y$ を用いています。

また，ln 2 = 0.69 が与えられていることと，exp と ln は互いに逆関数なので $\exp(\ln x) = x$ ですから，

$$I = 32\{\exp(0.69)\}^{-5} = 32\{\exp(\ln 2)\}^{-5} = 2^5 \cdot 2^{-5} = 1\text{μSv/h}$$

ちなみに，問題に 3 m という距離が与えられていますが，この数字は使う必要がありません。惑わされないようにお願いします。

半価層を用いた解法

鉛板の半価層を $x_{1/2}$ と書くことにしますと，次のような関係があります。

$$x_{1/2} = \frac{\ln 2}{\mu}$$

この式に，$\mu = 0.69 \text{cm}^{-1}$ を代入しますと，

$$x_{1/2} = \frac{0.69}{0.69} = 1.0$$

つまり，半価層が 1.0cm なので，1cm の鉛板で放射線の強度が半分になるということになります。これによれば，5cm の鉛板では $(1/2)^5$ 倍 $= 2^{-5}$ 倍になりますので，

$$32 \times 2^{-5} = 2^5 \times 2^{-5} = 2^0 = 1 \mu\text{Sv/h}$$

なお，本問では，^{60}Co の鉛板における減弱係数が 0.69 とされていますが，0.68 の方が実際の値に近いことから，0.68 と与えられることもあります。しかし，その場合でも $0.68 \div 0.69 \fallingdotseq 1.0$ として計算しても差し支えありません。その理由は選択肢が 1μSv/h の間隔で与えられているからです。もし選択肢が 0.01μSv/h の間隔で与えられていると，そのような大雑把な計算はできないことになります。

|解答　1|

発展問題

問題 7

時定数を 20s に設定していた GM 計数管の指示が 4,800cpm を示しているという。この時の相対標準偏差として最も近いものはどれか。

1　0.6%　　2　1.2%
3　1.8%　　4　2.4%
5　3.0%

解説……

放射能測定に関するサーベイメータなどは，統計的なゆらぎが常に起こります。その揺れの大きさは測定器の時定数 τ（抵抗 R とコンデンサ C とで形成される回路で $\tau = RC$）に依存します。メータの指示 x は通常測定時間 2τ の計数値であるとみなされます。つまり，計数率を y としますと $x = 2\tau y$ となります。τ を大きく設定しますと，計数率を正確に読み取りやすくなりますが，計数率の変化に対する追随は遅くなります。

本問で得られた計数率は，cps 表示では，

$$4{,}800 \div 60 = 80 \text{cps}$$

となります。

メータの指示は通常測定時間 2τ の計数値であるとみなされますので、ここでは、

$$80\text{cps} \times (2 \times 20) = 3{,}200$$

カウントという総カウント数であるとみなしてよいことになります。

計数誤差を計数値で割った相対誤差（相対標準偏差）は、総カウント数を N としますと、次のようになります。

$$\frac{\sqrt{N}}{N} = \frac{1}{\sqrt{N}}$$

よって、ここでは、次のように計算されます。

$$\frac{1}{\sqrt{3{,}200}} = 0.0177 = 1.77\%$$

解答　3

問題8

密封点線源（^{137}Cs, 900MBq）を鉛容器（厚さ 2cm）に格納した。この容器の外側であって、容器中心から 3m の位置における位置での 1cm 線量当量率（μSv/h）として最も近い値はどれになるか。ただし、線源 ^{60}Co の 1cm 線量当量率定数を $0.1\mu\text{Sv}\cdot\text{m}^2/(\text{MBq}\cdot\text{h})$、この鉛の半価層を 1cm として、散乱線の影響はないものとする。

1　2.5μSv/h　　2　5.0μSv/h
3　7.5μSv/h　　4　10.0μSv/h
5　12.5μSv/h

解説

線源から距離 r [m] で作業する時の 1cm 線量当量率 H [μSv/h] は、線源の放射能を Q [MBq]、1cm 線量当量率定数を Γ_E [μSv·m²/(MBq·h)] としますと、次のように求められます。

$$H = Q \cdot \Gamma_E / r^2$$

まず、遮へいはないものとして、この式を適用しますと、

$$H = 900 \times 0.1/3^2 = 10.0\mu\text{Sv/h}$$

一方、鉛による遮へい後の線量 I は遮へい前の線量 I_0 と遮へい体の厚

さ x と半価層 $x_{1/2}$ とにより，次のようになります。

$$I = I_0 (1/2)^{x/x_{1/2}}$$

したがって，本問において，鉛による遮へいがあったとしますと，

$$I = 10.0 \times (1/2)^{2/1} = 2.5 \mu Sv/h$$

解答　1

> ここまでの学習，
> たいへんお疲れさまでした
> あと残す科目は関係法令だけです
> 最後のひとふんばりをお願いしますね

第5章 放射線の関係法令

> 放射能に関係する法律って
> いったいどのような法律なんだろう？

1 法律の体系と放射線障害防止法の総則

重要度 B

基礎問題

問題1

放射線障害防止法の目的に関する次の条文に関して，（　）の中に入るべき適切な語句の組合せを選択肢より選べ。

この法律は，（　A　）の精神にのっとり，放射性同位元素の使用，販売，賃貸，（　B　）その他の取扱い，放射線発生装置の使用及び放射性同位元素によって汚染された物の（　B　）その他の取扱いを（　C　）することにより，これらによる放射線（　D　）を防止し，（　E　）の安全を確保することを目的とする。

	A	B	C	D	E
1	原子力基本法	廃棄	規制	障害	公共
2	原子力保安法	処理	強制	被害	作業者
3	原子力基本法	処理	規制	障害	公共
4	原子力基本法	廃棄	規制	被害	公共
5	原子力保安法	廃棄	強制	障害	作業者

解説

法の第1条と第2条については，このような形での出題が非常に多くなっています。似たような語句であっても，法律で用いられているものが正しいとされますので，文章を繰り返し読んでおいて下さい。

正しい第1条を次に示します。ご確認下さい。

（目的）
第1条　この法律は，原子力基本法の精神にのっとり，放射性同位元素の使用，販売，賃貸，廃棄その他の取扱い，放射線発生装置の使用及び放射性同位元素によって汚染された物の廃棄その他の取扱いを規制することにより，これらによる放射線障害を防止し，公共の安全を確保することを目的とする。

解答　1

問題 2
　原子力基本法において用いられる用語として，誤っているものはどれか。
1　原子力とは，原子核変換の過程において原子核から放出されるすべての種類のエネルギーをいう。
2　核燃料物質とは，ウラン，トリウム等原子核分裂の過程において高エネルギーを放出する物質であって，政令で定めるものをいう。
3　核原料物質とは，ウラン鉱，トリウム鉱その他核燃料物質の原料となる物質であって，政令で定めるものをいう。
4　原子炉とは，核燃料物質を燃料として使用する装置をいう。ただし，政令で定めるものを除く。
5　放射線とは，電磁波又は粒子線のうち，直接又は間接に空気を電離する能力をもつすべてのものをいう。

解説……………………………………………………………………………………
　同法の第3条からの出題です。選択肢の1～4はそれぞれ正しい記述となっています。
　選択肢5の放射線の定義の中で，「すべてのものをいう」とあるのは誤りですね。正しくは「政令で定めるものをいう」でなければなりません。
　第3条を掲げますので，ご確認下さい。

(定義)
第3条　この法律において次に掲げる用語は，次の定義に従うものとする。
一　「原子力」とは，原子核変換の過程において原子核から放出されるすべての種類のエネルギーをいう。
二　「核燃料物質」とは，ウラン，トリウム等原子核分裂の過程において高エネルギーを放出する物質であって，政令で定めるものをいう。
三　「核原料物質」とは，ウラン鉱，トリウム鉱その他核燃料物質の原料となる物質であって，政令で定めるものをいう。
四　「原子炉」とは，核燃料物質を燃料として使用する装置をいう。ただし，政令で定めるものを除く。
五　「放射線」とは，電磁波又は粒子線のうち，直接又は間接に空気を電離する能力をもつもので，政令で定めるものをいう。

解答　5

問題 3

次に示す粒子線又は電磁波の中で，放射線障害防止法にいう「放射線」に該当しないものはどれか。

1　1MeVのエネルギーを持つ中性子線
2　200keVのエネルギーを持つベータ線
3　500keVのエネルギーを持つ特性X線
4　2MeVのエネルギーを持つガンマ線
5　500keVのエネルギーを持つ電子線

解説

放射線障害防止法第2条において，「放射線」とは，原子力基本法第3条第5号に規定する放射線をいう，とされていて，さらに原子力基本法第3条第1項第5号で「「放射線」とは，電磁波又は粒子線のうち，直接又は間接に空気を電離する能力をもつもので，政令で定めるものをいう。」とされています。その政令（核燃料物質，核原料物質，原子炉及び放射線の定義に関する政令）の第4条は次のとおりです。

同条第4号にありますように，電子線及びエックス線だけは1MeV以上というエネルギーの条件が付いています。その他のものはエネルギーに無関係に放射線に該当することになります。また，ベータ線も電子の流れではありますが，電子線とは区別されていますね。

5が放射線障害防止法にいう「放射線」に該当しないものとなります。

核燃料物質，核原料物質，原子炉及び放射線の定義に関する政令

（放射線）
第4条　原子力基本法第3条第5号の放射線は，次に掲げる電磁波又は粒子線とする。
一　アルファ線，重陽子線，陽子線その他の重荷電粒子線及びベータ線
二　中性子線
三　ガンマ線及び特性エックス線（軌道電子捕獲に伴って発生する特性エックス線に限る。）
四　一メガ電子ボルト以上のエネルギーを有する電子線及びエックス線

解答　5

標準問題

問題 4

次に示すものを使用する場合，放射線障害防止法の規制を受けるものはどれか。ただし，それぞれの濃度は下限濃度をこえるものとする。

1 数量が 3.7MBq の密封されていないトリチウム（下限数量 1×10^9Bq）
2 数量が 3.7kBq の密封されていないストロンチウム 90（下限数量 1×10^4Bq）
3 数量が 3.7kBq の密封されていないストロンチウム 90（下限数量 1×10^4Bq）と数量が 3.7MBq の密封されていないトリチウム（下限数量 1×10^9Bq）
4 数量が 3.7kBq の密封されていない炭素 14（下限数量 1×10^7Bq）と数量が 370kBq の密封されていないクロム 51（下限数量 1×10^7Bq）
5 数量が 370kBq の密封されていないりん 32（下限数量 1×10^5Bq）と数量が 37MBq の密封されていない硫黄 35（下限数量 1×10^8Bq）

解説

「放射性同位元素」とは，放射線を放出する同位元素及びその化合物並びにそれらの含有物であって，「濃度」と「数量」の両方が，それぞれ一定の基準値を超えるものをいいます。この問題では，濃度は基準値をこえているということですので，数量だけを考えます。それぞれの数量の下限値に対する割合を求め，それらを積算して 1 との比較をします。

1 3.7MBq $< 1\times10^9$Bq $= 10^3$MBq ですから，下限濃度は上回っているとしても，下限数量を下回っていますので，規制を受けません。
2 3.7kBq $< 1\times10^4$Bq $= 10$kBq です。これも下限数量を下回っていますので，規制を受けません。
3 複数の物質になりますので，基準値との割合を積算します。
 3.7kBq$/(1\times10^4$Bq$) + 3.7$MBq$/(1\times10^9$Bq$) = 0.3737 < 1$
 結局，1 を下回っていますので，該当しません。
4 3.7kBq$/(1\times10^7$Bq$) + 370$kBq$/(1\times10^7$Bq$) = 0.0407 < 1$
 やはり，1 を下回っていますので，該当しません。

5 　$370 \text{kBq}/(1 \times 10^5 \text{Bq}) + 37 \text{MBq}/(1 \times 10^8 \text{Bq}) = 4.07 > 1$
　　これは，こえていますので，対象となります。

　　　　　　　　　　　　　　　　　　　　　　　　解答　5

問題 5

放射線障害防止法にいう「放射線発生装置」に該当しないものはどれか。ただし，これらはみなその表面から 10cm 離れた位置における最大線量当量率が 1cm 線量当量率について 600nSv/h を超えているものとする。

1　サイクロトロン　　　2　シンクロトロン
3　マクロトロン　　　　4　直線加速装置
5　ファン・デ・グラーフ型加速装置

解説……………………………………………………………………………

3 のマクロトロンという装置はありません。あるのはマイクロトロンです。

法第 2 条第 4 項にいう「放射線発生装置」は，令第 2 条や告示をまとめますと次のようになります。ただし，その表面から 10cm 離れた位置における最大線量当量率が 1cm 線量当量率について 600nSv／h 以下であるものを除きます。

a）サイクロトロン
b）シンクロトロン
c）シンクロサイクロトロン
d）直線加速装置
e）ベータトロン
f）ファン・デ・グラーフ型加速装置
g）コッククロフト・ワルトン型加速装置
h）変圧器型加速装置
i）マイクロトロン
j）重水反応のプラズマ発生装置

　　　　　　　　　　　　　　　　　　　　　　　　解答　3

問題6

放射線障害防止法施行規則に示された用語の定義に関する次の文章において，誤っているものはどれか。

1　放射線業務従事者とは，放射性同位元素等又は放射線発生装置の取扱い，管理又はこれに付随する業務に従事する者であって，管理区域に立ち入るものをいう。
2　作業室とは，放射性同位元素又は放射性同位元素によって汚染された物を焼却した後その残渣を焼却炉から搬出し，又はコンクリートその他の固型化材料により固型化する作業を行う室をいう。
3　汚染検査室とは，人体又は作業衣，履物，保護具等人体に着用している物の表面の放射性同位元素による汚染の検査を行う室をいう。
4　排気設備とは，排気浄化装置，排風機，排気管，排気口等気体状の放射性同位元素等を浄化し，又は排気する設備をいう。
5　放射線施設とは，使用施設，廃棄物詰替施設，貯蔵施設，廃棄物貯蔵施設又は廃棄施設をいう。

解説……………………………………………………………………

1　則第1条第1項第8号です。
2　「放射性同位元素又は放射性同位元素によって汚染された物を焼却した後，その残渣を焼却炉から搬出し，又はコンクリートその他の固型化材料により固型化する作業を行う室」は，「作業室」ではなくて，「廃棄作業室」ということになっています。
3　則第1条第1項第4号です。
4　則第1条第1項第5号です。
5　則第1条第1項第9号です。
以下，同施行規則第3条を掲げます。かなりの中身ですが，ざっとご確認下さい。

（用語の定義）
第一条　この省令において，次の各号に掲げる用語の意義は，それぞれ当該各号に定めるところによる。
一　管理区域　外部放射線に係る線量が文部科学大臣が定める線量を超え，空気中の放射性同位元素の濃度が文部科学大臣が定める濃度を超え，又は放射性同位元素によって汚染される物の表面の放射性同位元素の密度が文部科学大臣が

定める密度を超えるおそれのある場所
二　作業室　密封されていない放射性同位元素の使用をし，又は放射性同位元素によって汚染された物で密封されていないものの詰替えをする室
三　廃棄作業室　放射性同位元素又は放射性同位元素によって汚染された物を焼却した後その残渣を焼却炉から搬出し，又はコンクリートその他の固型化材料により固型化する作業を行う室
四　汚染検査室　人体又は作業衣，履物，保護具等人体に着用している物の表面の放射性同位元素による汚染の検査を行う室
五　排気設備　排気浄化装置，排風機，排気管，排気口等気体状の放射性同位元素等を浄化し，又は排気する設備
六　排水設備　排液処理装置，排水浄化槽，排水管，排水口等液体状の放射性同位元素等を浄化し，又は排水する設備
七　固型化処理設備　粉砕装置，圧縮装置，混合装置，詰込装置等放射性同位元素等をコンクリートその他の固型化材料により固型化する設備
八　放射線業務従事者　放射性同位元素等又は放射線発生装置の取扱い，管理又はこれに付随する業務に従事する者であって，管理区域に立ち入るもの
九　放射線施設　使用施設，廃棄物詰替施設，貯蔵施設，廃棄物貯蔵施設又は廃棄施設
十　実効線量限度　放射線業務従事者の実効線量について，文部科学大臣が定める一定期間内における線量限度
十一　等価線量限度　放射線業務従事者の各組織の等価線量について，文部科学大臣が定める一定期間内における線量限度
十二　空気中濃度限度　放射線施設内の人が常時立ち入る場所において人が呼吸する空気中の放射性同位元素の濃度について，文部科学大臣が定める濃度限度
十三　表面密度限度　放射線施設内の人が常時立ち入る場所において人が触れる物の表面の放射性同位元素の密度について，文部科学大臣が定める密度限度

解答　2

発展問題

問題7
　放射線業務従事者に対する放射線の線量限度に関する次の表において，誤っている欄は1～5のうちのどれか。

実効線量限度	等価線量限度
1　50mSv/1年間（4月1日を始期とする）	眼の水晶体で150mSv/1年間
2　100mSv/5年間（平成13年4月1日以降5年ごと）	皮膚500mSv/1年間
3　妊娠可能女子5mSv/4月間[1]	
4　妊娠中女子の内部被ばくについて1mSv[2]	5　妊娠中女子の腹部表面2mSv

[1] 妊娠不能と診断された者や妊娠の意思のない旨を使用者等に申し出た者，妊娠中の者を除き，4月1日，8月1日，12月1日を始期とする4月間で扱われる。
[2] 本人の申出等によって妊娠の事実を知った時から出産までの期間とされる。

解説

　選択肢3の妊娠可能女子の実効線量限度の規定は，4月間の単位ではなくて，3月間の単位で扱われます。
　正しい表を掲げますので，ご確認をお願いします。

表　放射線業務従事者の線量限度

実効線量限度	等価線量限度
50mSv/1年間（4月1日を始期とする）	眼の水晶体で150mSv/1年間
100mSv/5年間（平成13年4月1日以降5年ごと）	皮膚500mSv/1年間
妊娠可能女子5mSv/3月間[1]	
妊娠中女子の内部被ばくについて1mSv[2]	妊娠中女子の腹部表面2mSv

[1] 妊娠不能と診断された者や妊娠の意思のない旨を使用者等に申し出た者，妊娠中の者を除き，4月1日，7月1日，10月1日，1月1日を始期とする3月間で扱われる。
[2] 本人の申出等によって妊娠の事実を知った時から出産までの期間とされる。

解答　3

問題8

放射線の線量限度等に関する次の表において，誤っている欄は1～5のうちのどれか。

場所	線量限度 （実効線量）	濃度限度1)	表面汚染の限度
放射線施設内の人が常時立ち入る場所	1　1mSv／週	空気中濃度限度：1週間の平均濃度が数量告示別表2第4欄の濃度	表面密度限度2)
管理区域の境界	2　5mSv／3月	4　3月間の平均濃度が空気中濃度限度の1／10	5　表面密度限度の1／10
工場又は事業所の境界および，工場又は事業所内の人が居住する区域	3　250μSv／3月 （病院等の一般病室では1.3mSv／3月）	排気中の濃度限度：3月間の平均濃度が別表2第5欄の濃度	
		排水中の濃度限度：3月間の平均濃度が別表2第6欄の濃度	

1) 放射性同位元素の種類が明らかで，かつ1種類の場合には，別表第2が使える。
2) 表面密度限度は，α線放出の放射性同位元素について4Bq／cm^2，α線放出のない放射性同位元素について40Bq／cm^2。

解説

2の「5mSv／3月」は誤りです。正しくは，「1.3mSv／3月」です。
正しい表を掲げますので，ご確認をお願いします。

表 線量限度等

場所	線量限度 (実効線量)	濃度限度[1]	表面汚染の限度
放射線施設内の人が常時立ち入る場所	1mSv／週	空気中濃度限度：1週間の平均濃度が数量告示別表2第4欄の濃度	表面密度限度[2]
管理区域の境界	1.3mSv／3月	3月間の平均濃度が空気中濃度限度の1／10	表面密度限度の1／10
工場又は事業所の境界および，工場又は事業所内の人が居住する区域	250μSv／3月 (病院等の一般病室では1.3mSv／3月)	排気中の濃度限度：3月間の平均濃度が別表2第5欄の濃度	
		排水中の濃度限度：3月間の平均濃度が別表2第6欄の濃度	

1) 放射性同位元素の種類が明らかで，かつ1種類の場合には，別表第2が使える。
2) 表面密度限度は，α線放出の放射性同位元素について4Bq／cm^2，α線放出のない放射性同位元素について40Bq／cm^2。

解答　2

ぼくらのような理系人間にはあんまり法律の勉強はなじみがないよなぁ

しかし，試験は受けなきゃならないので工夫してみないとね
1) まずは，どの法律でも
   第1条の目的と第2条の用語の定義は一番重要だな
   ここだけは，一字一句何度も繰り返して覚えるくらいが必要でしょうね
2) その法律の制度がどのようなものからできているか
   体系的に系統樹のように書きだして理解してみよう
3) それぞれの決まりを5W1Hの形で理解してみよう
   たとえば，お役所への届け出に必要なことは…など
4) 問題意識を持って条文を読んでみよう
   法律の文章は読みにくいので，過去問などに当たって
   何が分かればいいのかを考えて読むとまだ読めるのですね

2 設備等およびその基準に関する規定

重要度 A

基礎問題

問題 1

許可証に関する次の記述に関し，放射線障害防止法に照らして，正しいものはどれか。

1 許可証を失った者が，許可証の再交付を申請するに当たって，文部科学大臣に提出する申請書にはその許可証の写しを添えなければならない。
2 許可証を失った許可使用者は，文部科学大臣の変更許可を受けた後に，許可証の再交付申請書を提出しなければならない。
3 許可証を紛失した場合には，文部科学大臣に申請して再交付を受けることができる。
4 許可証を汚してしまったことによって，その記載事項が判読できない状態になった場合には，変更の許可を受けねばならない。
5 軽微な変更の場合には，届出の際に許可証は添えなくてもよい。

解説

1 再交付申請に当たって，許可証の写しを添えるという規定はありません。（あらかじめ写しをとっておけば可能とは言えますが，）失ったものの写しを添えるというのも不自然ですね。
2 許可証を失った許可使用者が文部科学大臣の変更許可を受けるべきことは規定されていません。許可証を紛失しても，許可そのものは有効で，許可をとり直すことは必要ありません。また，再交付は申請しなければならないという規定もありません。必要になった時点で再交付申請すればよいのです。
3 法第12条および則第14条第1項に規定されています。これが正解です。

4　許可証を損じたり汚したりした場合には，文部科学大臣に再交付の申請ができますが，その申請は必ずしなければならないというものではありません。
5　軽微な変更であっても，その届出の際に許可証は添えなければならないことになっています。法第10条第5項の規定です。

解答　3

問題 2

使用許可を受けようとする者が，文部科学大臣に提出する申請書に記載しなければならない事項として，不適切なものはどれか。
1　使用の目的
2　使用の方法
3　使用の場所
4　廃棄の場所及び方法
5　放射性同位元素を貯蔵する施設の位置，構造及び貯蔵能力

解説……………………………………………………………………………

かなりよく出題される問題です。法第3条第2項第3号，4号，及び，6号の規定です。4の「廃棄の場所及び方法」については，申請書に記載するようには定められていません。

同項の規定を掲げますと，次のようになっています。

一　氏名又は名称及び住所並びに法人にあっては，その代表者の氏名
二　放射性同位元素の種類，密封の有無及び数量又は放射線発生装置の種類，台数及び性能
三　使用の目的及び方法
四　使用の場所
五　放射性同位元素又は放射線発生装置の使用をする施設（使用施設）の位置，構造及び設備
六　放射性同位元素を貯蔵する施設（貯蔵施設）の位置，構造，設備及び貯蔵能力
七　放射性同位元素及び放射性同位元素によって汚染された物を廃棄する施設（廃棄施設）の位置，構造及び設備

解答　4

問題 3

貯蔵施設の基準に関する記述として，放射線障害防止法に照らして，誤っているものはどれか。

1　貯蔵施設は，地崩れ及び浸水のおそれの少ない場所に設ける必要がある。
2　貯蔵箱は，耐火性の構造とする必要がある。
3　密封された放射性同位元素を耐火性構造の容器に入れて保管する場合には，貯蔵室又は貯蔵箱を設ける必要はない。
4　貯蔵箱には，別表に規定するところにより，標識を設ける必要がある。
5　貯蔵箱は，不燃材料で造る必要がある。

解説

1　貯蔵施設は，地崩れ及び浸水のおそれの少ない場所に設ける必要があります［則第14条の9第1項第1号］。
2　貯蔵箱は，耐火性の構造とする必要があります［則第14条の9第1項第2号ロ］。
3　密封された放射性同位元素を耐火性構造の容器に入れて保管する場合には，貯蔵室又は貯蔵箱を設ける必要はありません［則第14条の9第1項第2号］。
4　記述のとおりです［則第14条の9第1項第7号］。
5　貯蔵箱を不燃材料で造るべしという規定はありません。

解答　5

標準問題

問題4

　許可申請又は届出に関する次の記述において，放射線障害防止法上正しいものはどれか。

1　放射線発生装置の種類を変更する場合には，以前使用していた装置と性能が同じものであっても，変更に係る届出が必要である。
2　放射性同位元素又は放射性同位元素によって汚染された物を業として廃棄しようとする者は，廃棄事業所ごとに，文部科学大臣の許可を受けなければならない。
3　放射線発生装置のみを業として販売しようとする者は，販売所ごとに，あらかじめ文部科学大臣に届け出なければならない。
4　放射線発生装置のみを業として賃貸しようとする者は，賃貸事業所ごとに，あらかじめ文部科学大臣に届け出なければならない。
5　密封された放射性同位元素及び表示付認証機器を業として販売しようとする者は，販売所ごとに，文部科学大臣の許可を受けなければならない。

解説

1　放射線発生装置の種類を変更する場合には，以前使用していた装置と性能が同じものであっても，手続きが必要ですが，「変更に係る届出」ではなくて，「許可使用に係る変更の許可」が必要です。
2　これは記述のとおりです［法第4条の2第1項］。
3　放射線発生装置は使用に当たっては規制がありますが，販売その他であって使用に該当しない行為は規制されていません［法第4条第1項ただし書き］。
4　放射線発生装置は使用に当たっては規制がありますが，販売，賃貸その他であって使用に該当しない行為は規制されていません［法第4条第1項ただし書き］。
5　表示付認証機器のみを業として販売しようとする場合は，届出も要りませんが，密封された放射性同位元素を販売する場合には，届出が必要です。ただし，問題文のように許可を要することはありません。ここで，放射線障害防止法の規制の概要をまとめておきます。

表　放射線障害防止法の規制の概要

事業者の名称		事業の内容	備えるべき放射線施設	事業所の名称	主任者の資格範囲			
許可使用者・届出使用者	特定許可使用者	・非密封RIの使用（貯蔵施設能力が下限数量の10万倍以上） ・10TBq以上の密封RI使用 ・放射線発生装置の使用	使用施設 貯蔵施設 廃棄施設	工場又は事業所	1種			
	許可使用者	下限数量を超える非密封RI使用						
		下限数量の1000倍を超え, 10TBq未満の密封RI使用			2種			
	届出使用者	下限数量の1000倍以下の密封RI使用	貯蔵施設		3種			1種
表示付認証機器届出使用者		表示付認証機器の使用（校正用線源, GC用ECD等）	不要		選任不要	3種	2種	
届出販売業者		RIの販売	不要	販売所	3種			
届出賃貸業者		RIの賃貸	不要	賃貸事業所				
許可廃棄業者		RI又はRIによって汚染されたものの業としての廃棄	廃棄物詰替設備 廃棄物貯蔵設備 廃棄施設	廃棄事業所	1種			
規制なく, 届出不要		表示付特定認証機器の使用（煙感知器等）	不要	—	選任不要			

解答　2

> 許可と届出の違いを整理しておきたいですね

問題5

次の文章のうち, 放射線障害防止法に照らして変更の許可を受けなくてもよいものはどれか。

1　許可使用者が, 37MBqの密封されたストロンチウム90（下限数量 1×10^4 Bq）を新たに使用する場合

2 　許可使用者が，許可されている密封されたコバルト 60 およびセシウム 137 のうち，コバルト 60 の使用を廃止する場合
3 　新たに下限数量の 10 倍の密封された放射性同位元素を追加して使用する場合
4 　照射装置に用いている密封された 10GBq のセシウム 137 線源が減衰したので，同じ強度のコバルト 60 線源に交換する場合
5 　許可使用者が，3.7kBq の密封されたストロンチウム 90（下限数量 1×10^4 Bq）を新たに使用する場合

解説……………………………………………………………………
1 　37MBq は下限数量 1×10^4 Bq を超えていますので，法律にいう「放射性同位元素」に該当します．許可を受ける必要があります．
2 　複数の放射性同位元素のうち一部の使用を廃止する場合も，「放射性同位元素の種類」の変更に該当しますので，「変更の許可」を受ける必要があります．
3 　下限数量を超える新規追加の使用は新たな許可が必要となります［法第 10 条第 2 項］．
4 　強度が同じであっても線源の種類が変更になれば新たな許可が必要となります［法第 10 条第 2 項］．
5 　3.7kBq は下限数量 1×10^4 Bq より小さいので，法律にいう「放射性同位元素」には該当しません．許可を受ける必要はありません．

解答　5

問題 6

次に示す使用目的のうち，その旨を文部科学大臣に届け出ることによって，許可使用者が一時的に使用の場所を変更して使用できる場合として，放射線障害防止法上定められているものの正しい組合せはどれか．

A 　物の密度，質量又は組成の調査で文部科学大臣が指定するもの
B 　機械，装置等の校正検査
C 　地下検層
D 　展覧，展示又は講習のためにする実演
E 　河床洗堀調査

1 　ABC のみ　　2 　ACD のみ

3　BCE のみ　　4　CDE のみ
5　ABCDE すべて

解説

　許可使用者が一時的に使用の場所を変更して使用できる場合が次のように規定されています。結局，すべて該当しますね。この出題形式以外にも，たとえばAの「物の密度，質量又は組成」について，より具体的に「放射線利用機器名」を示して，それによる「密度や組成調査」という形で出題されることもあります。

> （許可使用に係る使用の場所の一時的変更の届出）
> 法第10条第6項　許可使用者は，使用の目的，密封の有無等に応じて政令で定める数量以下の放射性同位元素又は政令で定める放射線発生装置を，非破壊検査その他政令で定める目的のため一時的に使用をする場合において，第3条第2項第4号に掲げる事項を変更しようとするときには，文部科学省令で定めるところにより，あらかじめ，その旨を文部科学大臣に届け出なければならない。

ここでいう第3条第2項第4号とは「使用の場所」のことです。この詳細が次の施行令にあります。TBq はテラベクレルですね。

> 令第9条　法第10条第6項に規定する政令で定める放射性同位元素の数量は，密封された放射性同位元素について，3TBq を超えない範囲内で放射性同位元素の種類に応じて文部科学大臣が定める数量とし，同項に規定する政令で定める放射性同位元素の使用の目的は，次に掲げるものとする。
> 一　地下検層
> 二　河床洗掘調査
> 三　展覧，展示又は講習のためにする実演
> 四　機械，装置等の校正検査
> 五　物の密度，質量又は組成の調査で文部科学大臣が指定するもの

解答　5

発展問題

問題7
　許可又は届出に関する次の文章において，放射線障害防止法に照らして，正しいものの組合せはどれか。

A 370GBq の密封されたコバルト60（下限数量$1×10^5$Bq）を装備している厚さ計を1台使用しようとする者は，文部科学大臣の許可を受けなければならない。

B 3.7GBq の密封されたストロンチウム90（下限数量$1×10^4$Bq）を装備している照射装置を1台使用しようとする者は，文部科学大臣の許可を受けなければならない。

C 370GBq の密封されたストロンチウム90（下限数量$1×10^4$Bq）を装備している機器を1台使用しようとする者は，文部科学大臣に届け出なければならない。

D 370GBq の密封されたニッケル63（下限数量$1×10^8$Bq）を装備した機器を1台使用しようとする者は，文部科学大臣の許可を受けなければならない。

E 1個当たりの数量が3.7MBq の密封されたセシウム137を装備した表示付認証機器のみ3台を認証条件に従って使用しようとする者は，あらかじめ文部科学大臣に届け出なければならない。

1　ABのみ　　2　ACDのみ
3　BCのみ　　4　Dのみ
5　ABCDすべて

解説……………………………………………………………………………………

A 密封された放射性同位元素の使用においては，下限数量の1,000倍を超える場合に，文部科学大臣の許可が必要になります。コバルト60下限数量が$1×10^5$Bq = $1×10^2$kBq ですので，その1,000倍は$1×10^2$MBq となり，この問題の370GBq はそれを超えていますので，文部科学大臣の許可が必要です。正しい記述です。

B 下限数量$1×10^4$Bq の1,000倍は$1×10^4$kBq = 10MBq ですので，3.7GBq はそれを超えています。文部科学大臣の許可が必要です。これも正しい記述です。

C 下限数量$1×10^4$Bq の1,000倍は$1×10^4$kBq = 10MBq ですので，3.7GBq はそれを超えています。届出ではいけません。文部科学大臣の許可が必要です。誤りです。

D 下限数量$1×10^8$Bq の1,000倍は$1×10^8$Bq = 100TBq ですので，3.7GBq はそれより低いですね。これは許可ではなくて，届出をすれば

よい事例となります。誤りです。
E　表示付認証機器のみを認証条件に従って使用しようとする場合には，使用開始の日から30日以内に届け出をすればよいことになっています。あらかじめ届け出ることは不要です。誤りです。

|解答　1|

問題8
使用施設に関する技術上の基準に関する記述として，正しいものの組合せはどれか。
A　工場又は事業所の境界における線量は，実効線量で1月間につき1mSv以下としなければならない。
B　病院又は診療所の病室における線量は，実効線量で3月間につき1.3mSv以下としなければならない。
C　工場又は事業所内の人が居住する区域における線量は，実効線量で1週間につき250μSv以下としなければならない。
D　使用施設内の人が常時立ち入る場所において人が被ばくするおそれのある線量は，実効線量で1週間につき1mSv以下としなければならない。
1　AとB　　2　AとC
3　BとC　　4　BとD
5　CとD

解説
A　工場又は事業所の境界における線量は，実効線量で1月間につき1mSv以下ではなくて，3月間につき250μSv以下としなければならないことになっています。
B　これは記述のとおりです。病院又は診療所の病室における線量は，実効線量で3月間につき1.3mSv以下としなければなりません。
C　工場又は事業所内の人が居住する区域における線量は，実効線量で1週間ではなくて，3月間につき250μSv以下としなければならないとされています。
D　記述のとおりです。使用施設内の人が常時立ち入る場所において人が被ばくするおそれのある線量は，実効線量で1週間につき1mSv以下としなければなりません。

|解答　4|

3 放射線の管理等に関する各規定

重要度 B

基礎問題

問題 1

放射線取扱主任者の選任に関する次の文章において，放射線障害防止法上誤っているものはどれか．

1. 許可使用者は，放射線取扱主任者を選任したときは，選任した日から 30 日以内に，その旨を文部科学大臣に届け出なければならない．
2. 許可使用者は，放射線障害の防止に関し，放射線取扱主任者の意見を尊重しなければならない．
3. 表示付認証機器 30 台のみを使用する表示付認証機器届出使用者は，放射線取扱主任者を選任する必要はない．
4. 放射線発生装置を使用する許可使用者は，第 2 種放射線取扱主任者免状を有する者を放射線取扱主任者として選任することができる．
5. 密封された放射性同位元素 135GBq のみを販売する販売所は，第 2 種放射線取扱主任者免状を有する者を放射線取扱主任者として選任することができる．

解説

1. 記述のとおりです．則第 34 条第 2 項の規定です．
2. 常識的にも記述のとおりですね［法第 36 条第 3 項］．
3. 放射線取扱主任者を選任する必要のある使用者に，表示付認証機器届出使用者は含まれていませんので，選任する必要はありません［法第 34 条第 1 項］．
4. 放射線発生装置を使用する許可使用者は，第 1 種放射線取扱主任者免状を有する者を放射線取扱主任者として選任しなければなりません［法第 34 条第 1 項第 1 号］．誤りです．
5. 法第 34 条第 1 項第 3 号の規定です．販売所又は賃貸事業所の場合，販売又は賃貸の数量の大小や密封の有無にかかわらず，第 1 種，第 2

種，又は第3種の免状所持者を放射線取扱主任者として選任することができます。

解答　4

問題2

教育訓練に関する記述として，放射線障害防止法上正しいものの組合せはどれか。

A　放射線業務従事者で，教育及び訓練の一部の項目について十分な知識と技能を有していると認められる者に対しては，その項目についての教育及び訓練を省略することができる。

B　見学のために一時的に管理区域に立ち入る者に対しては，その者の知識及び技能にかかわらず，教育及び訓練を行うことを要しない。

C　放射線業務従事者が取扱等業務を開始した後にあっては，教育及び訓練の項目について十分な知識と技能を有していると認められない限り，1年を超えない期間ごとに教育及び訓練を行わなければならない。

D　放射線業務従事者が初めて管理区域に立ち入る前の教育及び訓練の項目は定められているが，その時間数は規定されていない。

E　放射線障害防止法に定められている教育及び訓練の項目は，以下の3項目となっている。

イ　放射線の人体に与える影響
ロ　放射性同位元素等又は放射線発生装置の安全取扱い
ハ　放射性同位元素及び放射線発生装置による放射線障害の防止に関する法令

1　ACのみ　　2　ACDのみ
3　BCのみ　　4　CDEのみ
5　ABCDEすべて

解説

A　記述のとおりです。則第21条第2項にあります。

B　見学等で一時的に管理区域に立ち入る者に対しても，必要な教育は施さなければならないことになっています〔則第21条の2第1項第1号及び第5号〕。

C　記述のとおりです。則第21条の2第1項第2号の規定です。

D 放射線業務従事者が初めて管理区域に立ち入る前の教育及び訓練の項目とともに，その時間数も定められています［告第10号］。
E 放射線障害防止法に定められている教育及び訓練の項目は挙げられている3項目の他に「放射線障害予防規程」があります。全部で4項目です。［則第21条の2第1項第4号イ〜ニ］

解答　1

問題3

健康診断に関する次の文章の（　A　）〜（　C　）に該当する適切な語句の組合せはどれか。

放射線業務従事者（一時的に管理区域に立ち入る者を除く。）に対する健康診断については，管理区域に立ち入った後は（　A　）を超えない期間ごとに行うこと。この規定にかかわらず，放射線業務従事者が実効線量限度又は（　B　）を超えて放射線に被ばくし，又は被ばくしたおそれのあるときは，遅滞なく，その者につき健康診断を行うこと。また，健康診断の方法は，（　C　）及び検査又は検診とする。

	A	B	C
1	一年組織	線量限度	調査
2	一年等価	線量限度	問診
3	6月組織	線量限度	問診
4	6月等価	線量限度	問診
5	6月等価	線量限度	調査

解説

正解は2となります。正しい語句を入れて文章を示しますと，次のようになります。

> 放射線業務従事者（一時的に管理区域に立ち入る者を除く。）に対する健康診断については，管理区域に立ち入った後は一年を超えない期間ごとに行うこと。この規定にかかわらず，放射線業務従事者が実効線量限度又は等価線量限度を超えて放射線に被ばくし，又は被ばくしたおそれのあるときは，遅滞なく，その者につき健康診断を行うこと。また，健康診断の方法は，問診及び検査又は検診とする。

解答 2

標準問題

問題 4

被ばくのおそれに関する次の文章において，（ A ）〜（ D ）に該当する語句として，放射線障害防止法に照らして妥当な組合せはどれか。

放射線業務従事者が放射線障害を受け，又は受けたおそれのある場合には，放射線障害又は放射線障害を受けたおそれの程度に応じ，（ A ）への立入時間の短縮，（ B ），放射線に被ばくするおそれの少ない業務への（ C ）等の措置を講じ，必要な（ D ）を行わなければならない。

	A	B	C	D
1	管理区域	立入りの禁止	配置転換	保健指導
2	管理区域	立入りの制限	配置転換	健康診断
3	制限区域	立入りの禁止	転地療養	保健指導
4	制限区域	立入りの制限	配置転換	保健指導
5	管理区域	立入りの禁止	転地療養	健康診断

解説

正解は，1となります。則第23条第1項の条文です。正しい語句を入れて条文を整理しますと，次のようになります。

> 放射線業務従事者が放射線障害を受け，又は受けたおそれのある場合には，放射線障害又は放射線障害を受けたおそれの程度に応じ，管理区域への立入時間の短縮，立入りの禁止，放射線に被ばくするおそれの少ない業務への配置転換等の措置を講じ，必要な保健指導を行わなければならない。

解答 1

問題 5

放射性同位元素を使用している事業所において放射線施設に火災が発生し，放射線障害の発生するおそれが生じた。この場合，講じなければならない危険時の措置として，放射線障害防止法に定められているものの組合せはどれか。

A 火災が起きたことにより,放射線障害の発生のおそれがある事態を発見した者は,直ちにその旨を文部科学大臣に通報しなければならない。
B 許可届出使用者は,放射線取扱主任者に消火活動を指揮させなければならない。
C 放射性同位元素等を他の場所に移す余裕がある場合には,必要に応じてこれを安全な場所に移し,その場所の周囲には,縄を張り,又は標識等を設け,かつ,見張人をつけることにより,関係者以外の者が立ち入ることを禁止しなければならない。
D 許可届出使用者は,遅滞なく,この事態が発生した日時,場所,原因,発生し又は発生するおそれのある放射線障害の状況,講じ又は講じようとしている応急の措置の内容について,文部科学大臣に届け出なければならない。

1 AB のみ　　2 ACD のみ
3 BC のみ　　4 CD のみ
5 ABCD すべて

解説

A 「直ちに通報する」先は,文部科学大臣ではありません。緊急事態なので「直ちに警察官又は海上保安官」に通報しなければなりません［法第33条第2項］。文部科学大臣へは通報ではなくて,「遅滞なく」届け出ることになります［法第33条第3項］。
B 放射線取扱主任者に消火活動を指揮させなければならないという規定はありません。
C 記述のとおりです。則第29条第1項第5号の規定です。
D これも記述のとおりです［則第29条第3項］。

解答　4

問題 6

定期講習に関する次の文章において,（ A ）～（ C ）に該当する語句として,放射線障害防止法に照らして妥当な組合せはどれか。

許可届出使用者,届出販売業者,届出賃貸業者及び許可廃棄業者のうち文部科学省令で定めるものは,（ A ）に,文部科学省令で定める（ B ）ごとに,文部科学大臣の登録を受けた者が行う（ A ）の（ C

）の講習を受けさせなければならない。

	A	B	C
1	放射線取扱主任者	区分	放射線取扱主任者免状の更新のため
2	放射線取扱主任者	期間	資質の向上を図るため
3	放射線業務従事者	期間	放射線取扱主任者免状の更新のため
4	放射線業務従事者	区分	資質の向上を図るため
5	放射線業務従事者	期間	資質の向上を図るため

解説……………………………………………………………………………………

正解は，2となります。法第36条の2第1項の条文です。正しい語句を入れて条文を整理しますと，次のようになります。

> 許可届出使用者，届出販売業者，届出賃貸業者及び許可廃棄業者のうち文部科学省令で定めるものは，放射線取扱主任者に，文部科学省令で定める期間ごとに，文部科学大臣の登録を受けた者が行う放射線取扱主任者の資質の向上を図るための講習を受けさせなければならない。

解答 2

発展問題

問題7

事故届に関する次の文章において，（ A ）～（ D ）に該当する語句として，放射線障害防止法に照らして妥当な組合せはどれか。

許可届出使用者等（（ A ）及び（ A ）から運搬を委託された者を含む。）は，その所持する放射性同位元素について（ B ），所在不明その他の事故が生じたときは，遅滞なく，その旨を（ C ）又は（ D ）に届け出なければならない。

	A	B	C	D
1	表示付認証機器使用者	盗取	警察官	海上保安官
2	表示付認証機器使用者	破損	文部科学大臣	警察官
3	認証機器使用者	盗取	警察官	海上保安官
4	認証機器使用者	破損	文部科学大臣	警察官
5	認証機器使用者	汚染	警察官	海上保安官

解説..

正解は，1となります。法第32条の条文です。正しい語句を入れて条文を整理しますと，次のようになります。

　許可届出使用者等（表示付認証機器使用者及び表示付認証機器使用者から運搬を委託された者を含む。）は，その所持する放射性同位元素について盗取，所在不明その他の事故が生じたときは，遅滞なく，その旨を警察官又は海上保安官に届け出なければならない。

解答　1

問題8

放射線障害防止法における報告徴収に関する記述として，誤っているものはどれか。

1　放射線管理状況報告書は，毎年4月1日からその翌年の3月31日までの期間について作成し，当該期間の経過後3月以内に文部科学大臣に提出しなければならない。
2　放射線施設を廃止したときは，放射性同位元素による汚染の除去その他の講じた措置を，3月以内に文部科学大臣に報告しなければならない。
3　放射性同位元素等が管理区域外で漏えいしたときは，所定の場合を除いて，その旨を直ちに，その状況及びそれに対する処置を10日以内に文部科学大臣に報告しなければならない。
4　気体状の放射性同位元素等を排気設備において浄化し，又は排気することによって廃棄した場合において，所定の濃度限度又は線量限度を超えたときには，その旨を直ちに，その状況及びそれに対する処置を10日以内に文部科学大臣に報告しなければならない。
5　放射線業務従事者について実効線量限度若しくは等価線量限度を超え，又は超えるおそれのある被ばくがあつたときには，その旨を直ちに，その状況及びそれに対する処置を10日以内に文部科学大臣に報告しなければならない。

解説
1　記述のとおりです。則第39条第3項の規定になっています。
2　これは誤りです。放射線施設廃止のときは，廃止届に加えて放射性同位元素による汚染の除去その他の講じた措置計画を，「3月以内」ではなくて，「30日以内」に届け出なければなりません。
3　記述のとおりです。法第42条第1項に基づく則第39条第1項第4号の規定です。
4　これも記述のとおりです。法第42条第1項に基づく則第39条第1項第2号の規定です。
5　やはり記述のとおりです。法第42条第1項に基づく則第39条第1項第8号の規定です。

解答　2

これまでの学習，たいへんお疲れさまでした。ひと休みされて，模擬テストで学習の成果をご確認下さい。

ひと休み　ひと休み

第6章

模擬テスト

さて, 頑張って模擬テストに挑戦してみますか
実際の試験と同じ時間にするかそうでないかは, ご自分の自信と相談してみて下さい

	科目	問題数（試験時間）	問題形式
初日	物理学・化学・生物学	6問（105分）	穴埋め（選択肢あり）
	物理学	30問（75分）	五肢択一
	化学	30問（75分）	五肢択一
二日目	管理測定技術	6問（105分）	穴埋め（選択肢あり）
	生物学	30問（75分）	五肢択一
	関係法令	30問（75分）	五肢択一

1問当たりの試験時間は次のようになっています。

［1問当たり17.5分］	［1問当たり2.5分］
・物理学・化学・生物学 ・管理測定技術	・物理学　・化学 ・生物学　・関係法令

模擬テスト1-問題

1 物理学・化学・生物学　［初日の課目，標準解答時間：105分］

問1

次の文章において（　）の部分に入る最も適切な語句，記号又は最も近い数値を解答群の中より1つだけ選べ。

生体に作用して結果が発現する際に，この結果を起こすための最小作用強さを（ A ）というが，放射線量の場合には，これを（ B ）といっている。（ B ）のある放射線影響を（ C ），（ B ）のない場合を（ D ）と定義している。

(1) （ C ）

被ばく線量が低い範囲では，細胞がわずかに失われたりしても（生体の自己修復などにより）全体への影響が見られないことがあり，これが（ C ）の（ B ）以下の場合となる。しかし，（ B ）を超えると，失われる細胞が増えて，機能障害が起き始める。（放射線防護上の立場からは，被ばくを受けた人の1～5%に影響が出始める線量を（ B ）として扱う。）機能障害が起き始めると，障害の発生頻度が（ E ）（シグモイド型）に急増する。

(2) （ D ）

（ B ）のない影響（（ B ）がないと仮定されている影響）のことで，発がんと（ F ）がこれに該当する。影響の（ G ）（症状の重さ）は，線量の大きさによらずほぼ一定と考えられている。小さな線量で発がんしても，最終的な結果は大きなものになる。

がんに分類されるものとしては，（ H ）（「血液のがん」といわれている）に加えて，いわゆる通常のがん（固形がん）として，胃がん，肺がん，膀胱がん，結腸がん，食道がん，乳がん，肝臓がん，甲状腺がんなどがある。

〈解答群〉

1	しきい数	2	しきい値	3	しきい線	4	しきい線量
5	確認的影響	6	確定的影響	7	確率的影響		
8	確信的影響	9	遺伝的影響	10	身体的影響		
11	W字型	12	P字型	13	S字型	14	Z字型
15	危険度	16	重篤度	17	軽症度	18	黄血病

19 白血病　　20 黒血病

<解答欄>

A	B	C	D	E	F	G	H

問2

DNA損傷に関する次の文章において（　）の部分に入る最も適切な語句，記号又は最も近い数値を解答群の中より1つだけ選べ。

　細胞は，一般に内外の攻撃にさらされている。その中で，内部からの攻撃を（　A　）侵襲，外部からのそれを（　B　）侵襲といっている。

　（　A　）侵襲の主なものは，細胞内の代謝や生理作用によって生じる活性酸素の攻撃である。また，（　B　）侵襲としては，放射線によるDNA損傷が最も重要である。DNA損傷には，DNA鎖の切断，塩基の損傷，架橋形成などがある。

　DNAは，塩基（（　C　），チミン，グアニン，シトシンの4種）と糖（デオキシリボース），そして，（　D　）とが一分子ずつ結合してヌクレオチドを作り，このヌクレオチドが非常に多くつながった鎖（ヌクレオチド鎖）がらせん状に2本並んだ巨大分子で，ワトソンと（　E　）が提起した二重らせんが有名である。向かい合う塩基どうしが水素結合ではしごのようにつながっている。その水素結合はA（（　C　））－T（チミン）の間，および，G（グアニン）－C（シトシン）の間に限られている。

　糖がデオキシリボースではなくて，（　F　）である場合にはRNA（リボ核酸）となる。DNAが遺伝子の実体をなすのに対して，RNAはおもにたんぱく質合成などの働きをする。

(1) DNA鎖の切断

　DNAの二重らせんの一本のみが切断される1本鎖切断（単鎖切断）と二本とも切断される2本鎖切断（二重鎖切断）とがある。2本鎖切断は特に影響が大きく，細胞死や突然変異，発がんなどを引き起こす。2本鎖切断の生起頻度は，1本鎖切断の約1/10程度とされている。DNAの2本鎖切断は，多くの場合には短時間（2時間以内）で修復できると見られているが，（　G　）では約12時間，（　H　）でも6～8時間かかるとされている。

(2) 塩基損傷

　DNAの塩基は，（　C　），チミン，グアニン，シトシンの4種であるが，これらが化学変化してしまう現象が塩基損傷である。とくに，炭素－炭素間の二重結合にOHラジカルなどが付加して形態変化することが多い。

　損傷を受けた塩基がヌクレオチド鎖から脱離すると（　I　）が起き，この部位をAP部位（AやGが抜けると脱プリン部位，TやCが抜けると脱（　J　）部位）と呼ばれる。いずれにしても，これらがそのまま残ると，正常なDNA複製が阻害されて突然変異などの原因になる。

(3) 架橋形成

　DNAを構成するヌクレオチド鎖が，他のヌクレオチド鎖やその他のたんぱく質などと架橋（橋架け構造）を形成すると，DNAの性質自体が変化してDNA情報に狂いが生じる。これも遺伝的に大きなダメージとなりえる。

(4)（　K　）によるDNA損傷

　DNAを構成する4種の塩基は，いずれも波長260nm程度の（　K　）を吸収しやすい構造である。（　K　）を吸収すると，塩基部分は励起して反応などを起こしやすくなる。（　J　）塩基どうしが隣接していると，そこから（　J　）2量体（（　J　）・ダイマー）が生じる。（　J　）塩基には，チミン（T）とシトシン（C）があるが，T-T間で生じる確率が，T-C間やC-C間のそれより高くなっている。

<解答群>

1	内因性	2	副因性	3	外因性	4	従因性
5	主因性	6	シアン	7	アデニン	8	クリプトン
9	キセノン	10	酢酸	11	硝酸	12	りん酸
13	硫酸	14	水酸化ナトリウム			15	水酸化カリウム
16	クリック	17	グリップ	18	プリック	19	リボース
20	ボリース	21	グリース	22	ALD回復		
23	SLD回復	24	KLD回復	25	PLD回復		
26	塩基損失	27	塩基欠損	28	塩基失活		
29	赤外線	30	緑外線	31	紫外線	32	黒外線
33	ピラジン	34	ピリミジン	35	ピリミデン		

<解答欄>

A	B	C	D	E	F	G	H

I	J	K

問3

次の文中において（　）の部分に入る最も適切な語句，記号，数式又は最も近い数値を解答群の中より1つだけ選べ。

α 壊変は質量数120以上の核種で起きやすく，その典型的な例として，^{226}Ra（原子番号88）が ^{222}Rn（原子番号86）に変わる次の反応がある。

$$^{226}_{88}\text{Ra} \rightarrow {}^{222}_{86}\text{Rn} + {}^{4}_{2}\text{He}$$

この例からもわかるように，α 壊変において親核種の原子番号 Z が娘核種では（　A　）になり，質量数 A は（　B　）となる。α 壊変の前後では，（　C　）が生じる。それを Δm と書くと，Δm に相当するエネルギーが娘核種と α 粒子の運動エネルギーとなる。壊変前の親核種の質量を M_p，壊変後の娘核種の質量を M_d，α 粒子の質量を M_α とすると，（　C　）Δm は，次のようになる。

$$\Delta m = M_p - (M_d + M_\alpha)$$

したがって，α 壊変で生じるエネルギー Q は，次のように書ける。これを α 壊変の（　D　）という

$$Q = \Delta m c^2 = \{M_p - (M_d + M_\alpha)\}c^2$$

一方，（　E　）保存則により，娘核種と α 粒子の速度をそれぞれ，v_d および v_α と書くと，

$$Q = \frac{1}{2}M_d v_d^2 + \frac{1}{2}M_\alpha v_\alpha^2$$

娘核種と α 粒子は，分裂後には互いに反対方向に運動するので，（　F　）保存則により，

$$M_d v_d = M_\alpha v_\alpha$$

これらの二つの式を，v_α について解いて，α 粒子の運動エネルギー E_α

を求めると，以下のようになる。

$$E_\alpha = \frac{1}{2}M_\alpha v_\alpha^2 = \frac{Q}{1+\frac{M_\alpha}{M_d}}$$

<解答群>

1	Z	2	$Z-1$	3	$Z-2$	4 $Z-3$
5	$Z-4$	6	A	7	$A-1$	8 $A-2$
9	$A-3$	10	$A-4$	11	質量損失	12 質量欠損
13	質量欠失	14	Q 値	15	Q 量	16 エンタルピー
17	エントロピー	18	エネルギー	19	運動量	
20	質量	21	物質量			

<解答欄>

A	B	C	D	E	F

問4

次の I～II の文中において（　）の部分に入る最も適切な語句又は記号をそれぞれの解答群の中より1つだけ選べ。

I　重荷電粒子の代表格である α 粒子が物質に当たると，物質を構成する原子の原子核と α 粒子との間に，（ A ）に従う電気的（ B ）が作用する。この場合は，α 粒子の運動エネルギーは失われずに，その進行方向が変化するだけとなり，これが（ C ）散乱（別名，クーロン散乱）となる。この散乱の起こりやすさは，原子番号と電荷の2乗に（ D ）して，重荷電粒子のエネルギーに（ E ）する（ラザフォードの散乱公式）。ただし，α 粒子は質量が大きいため，（ C ）散乱の起こる確率は小さく，大部分はあまり影響を受けずに直進する。

<I の解答群>

1　フレミングの法則　　2　クーロンの法則
3　ガウスの法則　　　　4　引力　　　5　反発力
6　遠心力　　　　　　　7　干渉　　　8　弾性
9　非弾性　　　　　　　10　比例　　 11　反比例
12　相関　　　　　　　 13　相似

Ⅱ 物質に α 粒子が当たる場合，物質を構成する原子の（ A ）にも影響を与えることになり，これによって電離や励起作用を起こすことになる。その分 α 粒子は運動エネルギーを失うが，これが（ B ）散乱である。α 粒子の損失するエネルギーを（ C ）と呼ぶ。α 粒子は，物質の内部でこのような（ B ）散乱を繰り返しながら進行して，最終的には近くの電子を捕えて（ D ）の（ E ）となって停止する。

<Ⅱの解答群>

1	軌道電子	2	反跳電子	3	陽電子	4	弾性
5	非弾性	6	電離損失	7	励起損失	8	電荷を持たない
9	電荷を有する	10	水素原子	11	酸素原子		
12	ヘリウム原子						

<解答欄>

Ⅰ

A	B	C	D	E

Ⅱ

A	B	C	D	E

問5

次のⅠ～Ⅱの文中において（　）の部分に入る最も適切な語句，記号又は最も近い数値をそれぞれの解答群の中より1つだけ選べ。

Ⅰ 天然の放射性壊変系列には，次の分類があるが，最後の（ A ）系列は，各核種の半減期の長さから，現在の地球上には存在しないとされている。

(1) （ B ）系列（$4n$ 系列，親核種：^{232}Th［半減期14億年］）
(2) アクチニウム系列（$4n+3$ 系列，親核種：^{235}U［半減期7億年］）
(3) （ C ）系列（$4n+2$ 系列，親核種：^{238}U［半減期（ D ）］）
(4) （ A ）系列（$4n+1$ 系列，親核種：^{237}Np［半減期210万年］）

＜Ⅰの解答群＞
1 プルトニウム   2 ネプツニウム   3 ウラン
4 ストロンチウム 5 セシウム   6 カリウム
7 トリウム   8 12億年   9 20億年
10 45億年   11 100億年   12 137億年   13 156億年

Ⅱ 放射性壊変系列を作らない核種としては，天然に存在するものとして，次表に示すようなものがある。

表　放射性壊変系列を作らない核種

核種	壊変の種別			半減期／年	同位体存在度／%	利用実例等
	α壊	β^-壊変	EC壊			
（A）		○89%	○11%	1.28×10^9	0.0117	岩石の年代測定（カリウム－アルゴン法）
^{87}Rb		○		4.8×10^{10}	27.83	岩石の年代測定
^{113}Cd		○		9×10^{15}	12.2	
^{115}In		○		5.1×10^{14}	95.7	
^{144}Nd	○			2.1×10^{15}	23.8	
^{147}Sm	○			1.06×10^{11}	15.1	放射化分離の内標準試薬
^{176}Lu		○		3.6×10^{10}	2.61	
^{187}Re		○		4×10^{10}	62.60	
^{190}Pt	○			6×10^{11}	0.013	

この表にないものとして，^{138}La（(B)）や ^{180}W（タングステン），^{210m}Bi（(C)）などもある。カリウムは全身に分布していて，日本人で約 130g，アメリカ人では約 160g 程度で年齢によっても異なる。体内の K のうち 0.0117%（= 117ppm）が（ A ）で，これによって被ばくする（内部被ばく）ことになる。日本人の場合は，およそ 0.2mSv／年程度である。（ A ）は β^- 壊変して（ D ）に，EC 壊変すれば（ E ）になる。

<Ⅱの解答群>

1	^{39}K	2	^{40}K	3	^{41}K	4	^{22}Na
5	^{23}Na	6	ランタン	7	ウラン	8	ビスマス
9	トリウム	10	ナトリウム	11	カルシウム	12	^{39}Ca
13	^{40}Ca	14	^{41}Ca	15	^{39}Ar	16	^{40}Ar
17	^{41}Ar						

<解答欄>

Ⅰ

A	B	C	D

Ⅱ

A	B	C	D	E

問6

次のI〜IIの文章中において（　）の部分に入る最も適切な語句，記号又は最も近い数値をそれぞれの解答群の中より1つだけ選べ。

I　放射線による水の分解には，まず（　A　）による生成物として，励起水分子と（　B　）とが挙げられる。励起水分子は$(H_2O)^*$のように書かれ，また，（　B　）は$e^-\cdot(H_2O)_n$ように書かれる。（　B　）とは，電子のまわりを水分子が囲んだものであって，一種の（　C　）とみなされている。

次に（　A　）による生成物がさらに生成する物質として，（　D　）（·H），水酸基ラジカル（·OH），水素分子（H_2），（　E　）（H_2O_2），過酸化水酸基ラジカル（$HO_2\cdot$）などが挙げられる。

これらの中で，·OH，H_2O_2及び$HO_2\cdot$は酸化力を持っている。酸化とは，本来は相手に酸素を与えることであるが，より拡大されて，（　F　）を奪うこと，および電子を奪うことも酸化に含めて考えられている。まとめて言えば，（　G　）が増えることが酸化，（　G　）が減ることが（その反対の）還元である。一般の化合物で酸素は（　G　）が-2であるが，·OHやH_2O_2の酸素は（　G　）が-1（水素は基本的に$+1$，一つの分子や電荷の中性な原子団は，トータルで± 0）なので，これが-2になる力，つまり，相手の（　G　）を増やす力を持っている。

＜Iの解答群＞

1	一次反応	2	二次反応	3	水添電子	4	水和電子
5	錯体電子	6	錯乱体	7	同位体	8	錯体
9	水素ラジカル	10	酸素ラジカル	11	酸化水素		
12	過酸化水素	13	水化酸素	14	水素		
15	酸素	16	窒素	17	還元数		
18	酸化数	19	中和数	20	アルカリ度		
21	酸度	22	イオン指数				

Ⅱ 放射線による水の反応生成物として，その他にも，超酸化物と呼ばれる，次のような特殊な生成物が生成することがある。超酸化物とは通常の酸化物よりも酸素の多い化合物のことをいう。

イ）スーパーオキシド（アニオン）ラジカル：（ A ）
ロ）ヒドロペルオキシドラジカル：HO_2 ハ）ヒドロペルオキシルアニオン：HO_2^- 生体内で発生したスーパーオキシドラジカルは，スーパーオキシドディムスターゼ（（ B ））と呼ばれる（ C ）によって過酸化水素に変化する。

$$2O_2^- + 2H^+ \rightarrow O_2 + H_2O_2$$

生体における超酸化物は毒性を示すもので，免疫系においては侵入した微生物の（ D ）に用いられている。

また，活性酸素といわれる物質には，OH・（水酸基ラジカル），O_2^-（スーパーオキシドアニオンラジカル），H_2O_2（過酸化水素），$^1O_2$（（ E ））などがある。一重項酸素は，通常の酸素である（ F ）が励起したものでラジカルではない。むしろ通常の酸素のほうが，（ G ）を2個有していてラジカルである。

＜Ⅱの解答群＞

1	O^-	2	O_2^-	3	O_3^-	4	SDO	5	OSD
6	SOD	7	酵素	8	酸素	9	窒素	10	殺菌
11	消化	12	漂白	13	一重項酸素	14	二重項酸素		
15	三重項酸素			16	制動電子	17	水和電子		
18	消滅電子			19	軌道電子	20	不対電子		

＜解答欄＞

Ⅰ

A	B	C	D	E	F	G

Ⅱ

A	B	C	D	E	F	G

2 物理学   ［初日の課目，標準解答時間：75分］

問 1

原子における電子軌道において，内側から n 番目の殻に入りうる最大の電子数は，どれだけとなるか。

1　n　　　2　n^2　　　3　$2n^2$
4　n^3　　5　$2n^3$

問 2

3.3×10^7 m/s の速度で運動している陽子の運動エネルギーは，次のどれに最も近いか。ただし，陽子の質量を 1.67×10^{-27} kg，$1\mathrm{eV} = 1.60 \times 10^{-19}$ J とする。

1　1.2MeV　　2　2.8MeV　　3　3.5MeV
4　4.8MeV　　5　5.7MeV

問 3

素粒子関連の物理学に関する記述として，誤っているものはどれか。

1　電荷と電荷に働く電気的な力をクーロン力というが，その大きさは，二つの電荷の距離に反比例する。
2　クーロン力は，同種の電荷どうしでは反発力（斥力）となり，異種の電荷どうしでは互いに引き合う引力となる。
3　光量子のエネルギーは，光量子の振動数に比例する。
4　V [MV] で加速された電子の運動エネルギーは V [MeV] である。
5　エネルギーが E であるようなガンマ線の運動量は，E を光速で割って求める。

問 4

原子の成り立ちに関する文章において，誤っているものはどれか。

1　一つの原子核の中において，陽子と中性子との間では核力が働いている。
2　電子と陽子の電荷については，それらの絶対値は等しいが，電子は負の電荷，陽子は正の電荷を持つので，符号は反対である。
3　イオン化していない原子においては，原子核にある陽子の数と，その

周りに存在する電子の数は一致し，その数はその原子の原子番号に一致する。
4　原子軌道の殻については，内側から n 番目の殻には最大 n^2 個の電子までが入る。
5　陽子と中性子がひとつずつ合体した粒子を重陽子ということがある。

問5

エネルギー関連の次の文章の下線部で誤っているものはどれか。

エネルギーの単位は 1 ジュール ［J］であり，1Jは 2 パスカルの力で1mの仕事をしたときのエネルギーである。また，電気的な位置エネルギーの場において，1Vの電位に 1 3 クーロンの電荷が置かれる時，その位置エネルギーは1Jとなる。原子レベルでのエネルギーはJ単位では扱いにくいので，4 素電荷を基にする 5 エレクトロンボルト ［eV］が用いられる。4 素電荷は陽子や電子の電荷のことであって 1.6×10^{-19} なので，次の関係が成り立つ。

$$1\text{eV} = 1.6 \times 10^{-19} \text{J}$$

問6

デューテリウムの質量は，電子の質量のおよそ何倍に相当するか。近いものを選べ。

1　3,700 倍　　2　4,200 倍　　3　4,700 倍
4　5,500 倍　　5　6,000 倍

問7

軌道電子捕獲を表す式として正しいものはどれか。ただし，n，p，β^-，β^+，ν，$\bar{\nu}$ はそれぞれ，中性子，陽子，陰電子，陽電子，ニュートリノ，反ニュートリノを示すものとする。

1　n+e$^-$ → β^-+$\bar{\nu}$　　2　p+e$^-$ → β^++ν
3　n+e$^-$ → p+ν　　4　p+e$^-$ → n+ν
5　p+e$^-$ → n+$\bar{\nu}$

問 8

内部転換と競合する現象は，次のうちのどれか。
1　特性 X 線放出　　2　ニュートリノ放出　　3　α 線放出
4　β 線放出　　　　5　γ 線放出

問 9

次に示す各種の現象の中で，電子を放出する組合せはどれか。ただし，ここでは陽電子も電子に含むものとする。
A　軌道電子捕獲　　B　$β^+$ 壊変　　C　$β^-$ 壊変
D　核異性体転移　　E　内部転換
1　ABE のみ　　2　ACD のみ　　3　BCE のみ
4　DE のみ　　　5　ABCDE のすべて

問 10

次に示す各種放射線において，単一エネルギー状態でないものはどれか。
1　オージェ電子　　2　内部転換電子　　3　α 線
4　β 線　　　　　　5　γ 線

問 11

中性微子のうち反ニュートリノを放出する現象として，正しいものはどれか。
1　$β^-$ 壊変　　2　オージェ効果　　3　軌道電子捕獲
4　核異性体転移　　5　内部転換

問 12

α 壊変，あるいは β 壊変に関する記述として，誤っているものはどれか。
1　α 壊変においては，中性子が 2 個だけ減少する。
2　$β^-$ 壊変においては，質量数が 1 つ増加する。
3　$β^-$ 壊変する核種は，安定な核種に比べて中性子が過剰であり，$β^+$ 壊変する核種は，安定な核種に比べて陽子が過剰である。
4　原子核内の過剰な中性子や自由中性子は，$β^-$ 壊変して陽子に変化す

る。

5　原子核内の過剰な陽子や自由陽子は，β^+ 壊変して中性子に変化する。

問 13
核反応断面積の単位としては b（バーン）が用いられる。この b と cm^2 の関係として正しいものはどれか。

1　$1b = 10^{-20} cm^2$　　2　$1b = 10^{-21} cm^2$　　3　$1b = 10^{-22} cm^2$
4　$1b = 10^{-23} cm^2$　　5　$1b = 10^{-24} cm^2$

問 14
核反応に関する次の文章の下線部の中で誤っているものはどれか。

　核反応とは，基本的に 1 入射粒子と 2 ターゲット核との衝突反応であって，大別して 3 散乱反応と 4 吸着反応に区分される。3 散乱とは，1 入射粒子が 2 ターゲット核に衝突した後で，反応後の核との 5 クーロン反発力により入射方向とは別な方向に弾き飛ばされる現象である。1 入射粒子と 2 ターゲット核は，衝突の後に運動方向が変化するだけと言える。4 吸着とは，1 入射粒子が 2 ターゲット核に衝突した後，そのまま核内に捕捉される現象をいう。

問 15
^{137}Cs は図のような壊変をするとされている。ここで ^{137m}Ba が ^{137}Ba に核異性体転移する反応と内部転換する反応とが内部転換係数で表されるが，^{137}Cs 壊変当たりの γ 線放出割合が 0.85 であったとすると，内部転換係数はどれだけになるか。

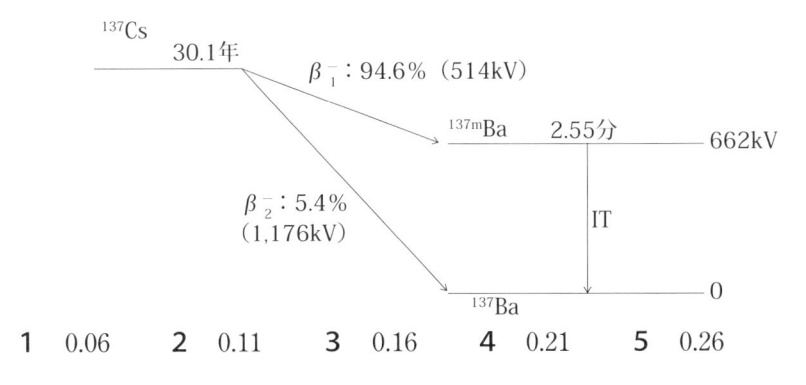

1　0.06　　2　0.11　　3　0.16　　4　0.21　　5　0.26

問 16

核反応に関する記述として，誤っているものはどれか。
1 核種 A に a を照射して核種 B が生じ，b が放出される反応は次のように書かれるが，
 a+A → b+B
これを次のように書く立場もある。
 A(a,b)B
2 核種 A に a を照射して核種 B が生じ，b と c が放出される反応は，A(a,b,c)B と書かれる。
3 陽子線を当てて中性子線を発生させる反応を，(n, p) 反応といい，またそのように書く。
4 ^{252}Cf は，主として α 壊変をするものの，3.1% の確率で，外部からのエネルギーを受けずに自ら核分裂をしてほぼ似たような大きさの二つの核に分かれ，その際に中性子と γ 線を放出する。
5 中性子線源としては，おもに，(α, n) 反応や (γ, n) 反応が用いられる。

問 17

400GBq の放射能を有する ^{192}Ir（半減期 73.83 日）の質量はどのくらいか。最も近いものを選べ。
1 1.2×10^{-3}g 　 2 1.8×10^{-3}g 　 3 2.4×10^{-3}g
4 3.0×10^{-3}g 　 5 4.3×10^{-3}g

問 18

初期濃度を N_0，半減期を T，壊変定数を λ とするとき，放射性核種の時間 t 当たりの減衰を示す式として正しい組合せはどれか。
A $N_0 \cdot 2^{-t/T}$ 　　　 B $N_0 \cdot 2^{-\lambda t}$
C $N_0 \cdot \exp(-t/T)$ 　 D $N_0 \cdot \exp(-\lambda t)$
1 A と B が正しい 　 2 A と C が正しい 　 3 A と D が正しい
4 B と C が正しい 　 5 C と D が正しい

問 19

放射線関係の単位として誤っているものはどれか。
1 照射線量は，制動 X 線や特性 X 線，γ線などについて用いられる。
2 吸収線量およびカーマの単位は，Sv である。
3 エネルギーフルエンスの単位としては，$J \cdot m^{-2}$，$MeV \cdot cm^{-2}$ などが用いられる。
4 原子質量単位 1 u は，エネルギーとしては約 931MeV に相当する。
5 カーマは，非電荷粒子線について用いられる。

問 20

ある粒子が原子核と弾性衝突して散乱する場合，その粒子のエネルギーを E_n，質量を m，重心を基準とした粒子の散乱角を ϕ，原子核の質量を M とすると原子核の受ける反跳エネルギー E は次式で与えられるという。

$$E = \frac{2mM}{(m+M)^2}(1-\cos\phi)E_n$$

では，質量がこの粒子の 4 倍の原子核と衝突する時に粒子が失う最大エネルギーは次のうちどれになるか。
1 $0.25E_n$ 2 $0.50E_n$ 3 $0.64E_n$
4 $0.84E_n$ 5 $1.0E_n$

問 21

5.0MeV のエネルギーを有する α 線が空気中で停止するまでに生成するイオン対の数は，次のうちのどれに近いか。
1 1.5×10^5 2 2.5×10^5 3 3.5×10^5
4 4.5×10^5 5 5.5×10^5

問 22

阻止能に関する記述として，誤っているものはどれか。
1 全阻止能は，衝突阻止能と制動阻止能の和として表される。
2 阻止能と線エネルギー付与とは同じ単位で表される。
3 W 値，および，比電離 n_i と阻止能 dE/dx の間には次のような関係がある。

$$W = n_i \frac{dE}{dx}$$

4　荷電粒子の阻止能は，入射粒子の有効荷電の2乗に比例する。
5　荷電粒子の阻止能は，入射粒子の速度の2乗に反比例する。

問23

次に代表的な放射性元素の半減期と比放射能を示すが，この中で誤っている選択肢はどれか。

選択肢	核種	半減期	比放射能
1	^{60}Co	5.27 年	4.18×10^{13}
2	^{131}I	8.02 年	4.59×10^{25}
3	^{137}Cs	30.07 年	3.22×10^{12}
4	^{238}U	4.468×10^{9} 年	1.24×10^{4}
5	^{239}Pr	2.413×10^{4} 年	2.29×10^{9}

問24

飛程に関する記述として，誤っているものはどれか。

1　重荷電粒子が物質中に入射して散乱や電離作用などを繰り返しながら，そのエネルギーを全部失うまでに進んだ距離を飛程，あるいは，到達距離という。
2　重荷電粒子の飛程は，一般にその粒子のエネルギー E の2乗に比例し，重荷電粒子の質量 M，電荷 Z の2乗，物質の密度 ρ に反比例する。
3　5MeVのα粒子の空気中における飛程は約3.6cmであるという。空気の密度 ρ_{air} を0.00129g/cm^3，生体の密度 ρ を1.0g/cm^{3}とするとき，これらをもとに生体中の飛程を推測すると約4.7×10^{-3}cmとなる。
4　物質中の飛程は，物質の密度に反比例するので，次のように求める。
　　約3.6cm $\times \rho_{air}/\rho ≒ 3.6$cm $\times 0.00129/1.0 ≒$ 約4.7×10^{-3}cm
5　β^-線と電子線の飛程は実験的に求められているが，結果的にこれら

は全く同一の式で近似されている。

問 25
ある β 線源を厚さ **1.0mm** のアルミニウム板で遮へいして，β 線の強度を 1/20 に減弱させた。これを同じ強度に減弱させるために鉄の板を用いると，どのくらいの厚さである必要があるか。ただし，アルミニウムおよび鉄の密度は，それぞれ，2.7 および **7.9g·cm^{-3}** とする。

1　0.23mm　　2　0.28mm　　3　0.34mm
4　0.40mm　　5　0.45mm

問 26
光電効果に関する次の記述において，誤っているものはどれか。
1　電磁波と物質の相互作用は，おもに光電効果，コンプトン散乱，電子対生成の三つの過程がある。
2　X線やγ線などが，原子や分子の近くを通る場合，その付近の電場や磁場に影響を与えるので，軌道電子が影響を受け，電磁放射線のエネルギー $h\nu$ が，軌道電子を原子核に束縛しているエネルギーより大きい場合には，軌道電子が原子核からの束縛に打ち勝って飛び出すことになる。これが光電効果と呼ばれる現象である。
3　光電効果が起きた際に，原子の外に飛び出す電子を光電子という。
4　光電効果において放出される電子のエネルギーは，入射電磁放射線のエネルギーと等しい。
5　光電効果によって電子軌道に空席ができたところは，より上位の軌道電子が遷移して，その際に特性X線が放出される場合もあるが，条件によってはその軌道間の差のエネルギーが電子に与えられてオージェ電子として放出されることもある。

問 27
中性子に関する次の文章の下線部の中で誤っているものはどれか。
中性子は，原子核の中で陽子と結合している時は安定でも，単独で存在すると不安定な物質で，半減期が10分強で壊変して陽子に転換し，同時に電子と **1** <u>ニュートリノ</u>を放出するが，その反応は次のように書ける。

$$n \rightarrow p + e^- + \bar{\nu}$$

中性子はエネルギーによって，**2 熱中性子**，**3 熱外中性子**，**4 高速中性子**などに分類される。**2 熱中性子**とは，周囲の媒質温度が室温の場合にそれと熱平衡にある中性子のことで，エネルギー分布はマクスウェル・ボルツマン分布に従い，運動エネルギー分布の最大値に相当するエネルギーは 0.03eV 程度である。媒質温度が室温より低い場合には，**5 冷中性子**などともいう。

問 28

放射線関係の量と単位の組合せにおいて，誤っているものはどれか。

1　粒子フルエンス（m^{-2}）　　2　質量減弱係数（$cm^2 \cdot g^{-1}$）
3　放射能（s^{-1}）　　　　　　4　飛程（m）
5　壊変定数（s）

問 29

次に示す名称のうち，放射線として存在しないものはどれか。

1　α 線　　2　β 線　　3　γ 線
4　δ 線　　5　ε 線

問 30

γ 線と物質の相互作用に関する次の記述において，正しいものはどれか。

1　γ 線の光電効果とは，一般に γ 線が原子の最外殻軌道電子にエネルギーを与えて追い出し，γ 線自身は消滅する現象をいう。
2　光電効果は，γ 線と物質中の自由電子との相互作用である。
3　光電効果を起こした γ 線が，引き続いて別の光電効果を起こすこともある。
4　コンプトン散乱を起こすと，散乱 γ 線の波長は，入射前の波長よりも長くなる。
5　γ 線が引き起こすコンプトン散乱において，コンプトン電子が散乱される方向は，一般に γ 線の入射方向に対して 90～180°の角度の範囲となる。

3 化学 　　　　　　　　　[初日の課目，標準解答時間：75分]

問 1

次の核反応を化学反応式として表すとどのようになるか。正しいものを選べ。ただし，鉄の原子番号を 26 とする。

$^{56}\text{Fe}(d, n)\,^{57}\text{Co}$

1　$^{56}_{26}\text{Fe} + ^{1}_{1}\text{p} \to \,^{57}_{27}\text{Co} + ^{1}_{0}\text{n}$　　　2　$^{56}_{26}\text{Fe} + ^{3}_{1}\text{H} \to \,^{57}_{27}\text{Co} + ^{1}_{0}\text{n}$
3　$^{56}_{26}\text{Fe} + ^{1}_{1}\text{p} \to \,^{57}_{26}\text{Co} + ^{1}_{0}\text{n}$　　　4　$^{56}_{26}\text{Fe} + ^{2}_{1}\text{H} \to \,^{57}_{27}\text{Co} + ^{1}_{0}\text{n}$
5　$^{56}_{26}\text{Fe} + ^{2}_{1}\text{p} \to \,^{57}_{26}\text{Co} + ^{1}_{0}\text{n}$

問 2

原子量は，通常は無次元で扱われるが，あえて単位をつけるとすると次のどれが近いか。

1　mol/g　　　2　g/mol　　　3　g/cm³
4　cm³/mol　　　5　cm³/g

問 3

次に示す各種において，安定核種が一種類しかないものはどれか。

1　Be　　　2　B　　　3　C
4　N　　　5　O

問 4

1TBq の放射能を持つ線源が 10 年で 1GBq に低下したという。この線源の半減期は次のどれに近いか。

1　1年　　　2　2年　　　3　3年
4　4年　　　5　5年

問 5

核反応によって原子核種が変化するが，その場合の原子番号の変化と室慮数の変化をまとめた表を次に示す。この中で，誤りを含む横欄の選択肢はどれか。

選択肢	質量数 原子番号	−3	−2	−1	±0	+1	+2	+3
1	+2				(α,4n)	(α,3n)	(α,2n)	(α,n)
2	+1		(p,3n)	(p,2n)	(p,n) (d,2n)	(p,γ) (d,n)	(α,n,p)	(α,p)
3	±0			(γ,n) (n,2n)	—	(n,γ) (d,p)		
4	−1	(p,α)	(d,α)	(γ,p)	(n, n)			
5	−2	(n,α)						

問 6

元素の性質に関する次の文章において，誤っているものはどれか。

1　安定核種が 1 種類しかない元素を単核種元素といっているが，これは全部で 20 種類しか存在しない。
2　質量数が 5 の安定核種は存在しない。
3　海水中の ^{3}H は，おもに ^{1}H^{3}HO として存在している。
4　人体に含まれる ^{40}K は，おもに塩化物として骨に含まれている。
5　空気中の ^{85}Kr は，基本的に単原子分子として存在する。

問 7

放射性壊変系列に関する記述として，誤っているものはどれか。

1　ウラン系列，トリウム系列，アクチニウム系列が天然の壊変系列であり，ネプツニウム系列も中間核種が存在した可能性はあるが，半減期の長さからして，現在では地球上にはないものと考えられていた。
2　ウラン系列は，ウランの同位体 ^{238}U から始まって，各種の放射性核種を経て，最終的に安定核種の ^{206}Pb で終わる系列である。
3　天然の放射性壊変は原理的に 4 種類が存在するとされていて，$4n$ 系

列がトリウム系列，$4n+1$ 系列がネプツニウム系列，$4n+2$ 系列がウラニューム系列，$4n+3$ 系列がランタノイド系列と呼ばれている。
4　^{14}C の壊変の半減期は 5,730 年であって，考古学などの年代測定に利用されている。
5　^{40}K も系列を作らない放射性核種として有名であるが，人体に含まれる通常元素の K の中で，放射性同位体として ^{40}K が約 0.012% 存在して内部被ばくをしていることになる。

問 8
次の核反応式において，放出される X が単一の粒子であるとするならば，それは何であるべきか。

^{63}Cu (α, X) ^{66}Ga

1　n 粒子　　2　p 粒子　　3　α 粒子　　4　β 粒子　　5　γ 粒子

問 9
放射能の等しい 2 種の核種 A, B がある。それらの半減期が，それぞれ T_A, T_B であるとすると，一定時間 τ だけ経過した時の両者の原子数比 N_A/N_B はどのように表されるか。正しいものを選べ。

1　$\dfrac{T_B}{T_A} 2^{\tau\left(\frac{1}{T_B}-\frac{1}{T_A}\right)}$　　2　$\dfrac{T_A}{T_B} 2^{\tau\left(\frac{1}{T_A}-\frac{1}{T_B}\right)}$　　3　$\dfrac{T_A}{T_B} 2^{\tau\left(\frac{1}{T_B}-\frac{1}{T_A}\right)}$

4　$\left(\dfrac{1}{T_A}-\dfrac{1}{T_B}\right) 2^{\frac{T_B}{T_A}}$　　5　$\left(\dfrac{1}{T_A}-\dfrac{1}{T_B}\right) 2^{\frac{T_A}{T_B}}$

問 10
アクチニウム系列は，^{235}U から始まって，^{207}Pb で安定になって終了する。この間の α 壊変と β 壊変の回数として，正しい組合せはどれか。

選択肢	α 壊変	β 壊変
1	8 回	8 回
2	8 回	6 回
3	7 回	6 回
4	7 回	4 回
5	4 回	4 回

問 11

核分裂に関する次の記述において，誤っているものはどれか。

1. 核分裂とは，質量数の大きな原子核が2個あるいはそれ以上の数の破片に分裂することをいう。この破片を核分裂片と呼んでいる。
2. 核分裂させるために必要な外部から与えるエネルギーの最小値を核分裂のしきい値という。
3. 核分裂させるために必要な外部から与えるエネルギーの最小値を核分裂のしきい値という。
4. ^{238}U の熱中性子による核分裂では，80種類以上の核種が生じることが知られており，その質量数はおよそ 50〜100 である。
5. 自発核分裂が起こる主な核種は，^{238}U の他に，^{244}Cm や ^{254}Fm，^{252}Cf などが挙げられる。

問 12

核種 X が，Z という機構で壊変して核種 Y になる場合に，次のように書くものとする。また，たとえば，α 壊変は単に α と書くものとする。

$$X \to [Z] \to Y$$

次の壊変表示のうち，正しいものはどれか。

1. ^{137m}Ba → [IT] → ^{137}Ba
2. ^{131}I → [β^-] → ^{131}Xe ↓
3. ^{87}Y → [EC] → ^{86m}Sr
4. ^{235}U → [α] → ^{231}Th
5. ^{150}Sm → [α] → ^{145}Nd

問 13

次の表は，トリウム壊変系列の最終的な部分を書き出したものである。1〜5 の中で誤りを含む欄はどれか。

質量数 \ 原子番号	81	82	83	84
212		1 $^{212}_{82}$Pb	2 $^{212}_{83}$Bi	3 $^{212}_{84}$Pa
208	4 $^{208}_{81}$Tl	5 $^{212}_{82}$Pb		

問 14

核分裂に関する次の文章の下線部の中で誤っているものはどれか。

核分裂によって直接に生成する核種は 1 核分裂片と呼ばれるが，核分裂片は一般に原子核内の中性子が過剰であることが多く，その中性子が 2 陽電子壊変（$β^+$ 壊変）して安定な核種に落ち着こうとする。通常の場合，この壊変は 1 回で終わらず，数回の壊変をたどって最終的に安定な核種に至ることが多い。その例として，ウランの核分裂における ^{137}I の例を挙げると，次のようになる。

$$^{137}\text{I} \to {}^{137}\text{Xe} \to {}^{137}\text{Cs} \to {}^{137m}\text{Ba} \to {}^{137}\text{Ba}$$

ここで，^{137}I の壊変半減期は 24.5 秒，^{137}Xe のそれは 3.82 分とかなり短く，^{137}Cs の半減期が 3 30.2 年と長いので，これが放射性物質の害が問題になる際に，^{137}Cs が挙げられることの多い理由である。4 ^{137m}Ba の半減期は 64 時間，5 ^{137m}Ba は安定核種である。

問 15

ターゲット核種（原子番号 Z，質量数 A）にビームを衝突させて目的核種（原子番号 Z，質量数 $A+1$）を得る際に，正しい核反応は次のうちのどれか

1　(p, n)　　2　(p, d)　　3　(n, p)
4　(n, d)　　5　(n, 2n)

問 16

^{11}C（半減期 20 分）と ^{14}C（半減期 3×10^9 分）が混合されている系において，前者が 1TBq，後者が 1kBq であるという。それより 80 分後の両者の原子数の比はどれに近いか。

1　0.1　　2　0.2　　3　0.3
4　0.4　　5　0.5

問 17

次の誘導核分裂の表記において，誤っているものはどれか。

1　(n, f)　　2　(f, f)　　3　(p, f)
4　($γ$, f)　　5　($α$, f)

問 18

次の核反応において，^{54}Mn を生じないものはどれになるか。

1　^{55}Mn (γ, n)　　2　^{54}Fe (n, p)　　3　^{56}Fe $(p, ^3He)$
4　^{55}Mn $(n, 2n)$　　5　^{56}Fe (p, d)

問 19

^{6}Li に中性子を照射するとヘリウムと三重水素が生じるという。かりに，6g の ^{6}Li が完全にヘリウムと三重水素とに転換したとすると，それぞれの体積は標準状態においてどのくらいと見積もられるか。

　　　ヘリウム　三重水素
1　　11.2L　　11.2L
2　　11.2L　　22.4L
3　　22.4L　　11.2L
4　　22.4L　　22.4L
5　　22.4L　　33.6L

問 20

次の核反応の中で，原子番号を変えずに質量数だけを減らす反応でないものはどれか。

1　$(n, 2n)$　　2　(γ, n)　　3　(p, d)
4　$(^3He, \alpha)$　　5　(d, p)

問 21

次に示すケースのうち，放射性気体を発生しないものはどれか。

1　^{45}Ca で標識した炭酸カルシウムを加熱した。
2　^{14}C で標識したコークスで鉄鉱石を還元した。
3　単体の銅に ^{35}S で標識した濃硫酸を加えて加熱した。
4　^{235}U を含む硝酸ウラニルに熱中性子照射し，希硝酸に溶かした。
5　^{18}O で標識した水を電気分解した。

問 22

次の条件の中で，放射性沈殿を生じないものはどれか。

1　^{20}F で標識したふっ化水素酸水溶液に，生石灰を混入した。

2　^{45}Ca で標識した石灰水に希硫酸を混入した。
3　希塩酸に水銀（^{197}Hg）を溶かし，これに硫化水素を通した。
4　^{108}Ag で標識した硫酸銀の水溶液に塩酸を加えた。
5　^{36}Cl で標識した食塩水と塩酸を混ぜた。

問 23

　分子 AB が放射線作用による一次反応によって電離を起こし，AB^+（あるいは，その励起物）と e^- とになったとする。この後に引き続いて起こる二次反応の表現として誤っているものはどれか。ただし，*は励起を，・はラジカルを表し，また，CD や E,F は，別な分子，あるいは，構造の変化した分子とする。

1　中和反応：$AB^+ + e^- \rightarrow AB$
2　電子捕捉反応：$e^- + CD \rightarrow CD^-$
3　電荷移動反応：$AB^+ + E \rightarrow AB + E^+$
4　イオン分子反応：$AB^+ + CD \rightarrow E^- + F$
5　ラジカル生成反応：$(AB^+)^* \rightarrow A^{+\cdot} + E\cdot$

問 24

　陽イオンの系統的沈殿分離法において得られる沈殿の色として，白色でないものはどれか。

1　AgCl　　2　$PbCl_2$　　3　$CaCO_3$
4　$Cr(OH)_3$　　5　$Al(OH)_3$

問 25

　次のⅠ～Ⅳの放射性イオンをそれぞれ含む水溶液（全4種）がある。それぞれに適切な操作を加えて，放射性核種を沈殿させたい。Ⅰ～Ⅳにふさわしい操作を A～D より選んで，正しい組合せとなるものを選べ。

Ⅰ　$^{51}Cr^{3+}$　　Ⅱ　$^{65}Zn^{2+}$
Ⅲ　$^{14}CO_3^{2-}$　　Ⅳ　$^{82}Br^-$
A　硝酸銀水溶液を加える。
B　アンモニア水を加えて弱アルカリ性にする。
C　水酸化カルシウム水溶液を加える。
D　塩酸酸性として，硫化水素ガスを通ずる。

1 Ⅰ－A，Ⅱ－B，Ⅲ－C，Ⅳ－D
2 Ⅰ－B，Ⅱ－A，Ⅲ－C，Ⅳ－D
3 Ⅰ－B，Ⅱ－D，Ⅲ－C，Ⅳ－A
4 Ⅰ－C，Ⅱ－A，Ⅲ－B，Ⅳ－D
5 Ⅰ－C，Ⅱ－B，Ⅲ－D，Ⅳ－C

問26

次に示すケースの中で，同位体交換反応の起こりにくい組合せはどれか。

A 水溶液中に共存するSn^+とSn^{2+}のすず同位体交換
B 固体炭酸ストロンチウムと湿度のある空気中の二酸化炭素の炭素同位体交換
C 酢酸水溶液における水と酢酸のメチル基との水素同位体交換
D ベンゼンのアセトン溶液における水素同位体交換
1 AとB　　2 AとC　　3 BとC
4 BとD　　5 CとD

問27

水の放射線照射で分解を受けて生じる次の化学種のうち，水溶液中において酸化力を持つものの組合せはどれか。

A 水素ラジカル　B 水酸基ラジカル　C 水素分子
D 水和電子　　　E 過酸化水素
1 AとB　　2 AとC　　3 BとC
4 BとE　　5 CとD

問28

次に示す化学種のうち，水の放射線分解によって生じるものとして，正しいものの組合せはどれか。ただし，*は励起状態を，aqは水和を示すものとする。

A H_2O^*　　B OH^-　　C H_3O^+　　D e_{aq}^-
1 AとB　　2 AとD　　3 BとC
4 BとD　　5 CとD

問 29
放射性同位体を用いた化学分析法として,誤っているものはどれか。
1 放射分析とは,非放射性試料に,測定したい成分と定量的に結合する放射性試薬を加えて放射能を測定する方法である。
2 放射化分析は,基本的には破壊検査であり化学分離をする必要がある。
3 放射化学分析とは,試料が放射性である場合の分析法で,放射性核種の放射能,あるいはその娘核種の放射能を化学的に分析する方法をいう。
4 放射分析や放射化分析においては,放射性核種が試薬あるいは指示薬の役割を持っていると言える。
5 放射化分析とは,試料の中の特定の元素を放射性核種に変えて,その元素が放射する γ 線などのエネルギーや線量率を観測して,試料分析をすることをいう。

問 30
微酸性硝酸水溶液の中に,次の5種の金属イオンが溶解しているという。この水溶液にそれぞれの担体を加えて次のイ,ロ,ハの操作をその順に実施した。沈殿A~Cに含まれる放射性核種の組合せとして,正しいものはどれか。

$^{40}K^+$, $^{26}Al^{3+}$, $^{60}Co^{2+}$, $^{28}Mg^{2+}$, $^{108}Ag^+$

操作ア:希塩酸を加えると,白色の沈殿(沈殿A)が生じた。この液をろ別して,沈殿Aの一部を採りアンモニア水を加えると溶解した。
操作イ:操作アで得られたろ液に硫化水素を通したところ,黒色の沈殿(沈殿B)が生じた。
操作ウ:沈殿Bをろ別してろ液を煮沸し,アンモニア水でアルカリ性にしたら,白色沈殿(沈殿C)を生じた。

	沈殿A	沈殿B	沈殿C
1	$^{108}Ag^+$	$^{60}Co^{2+}$	$^{28}Mg^{2+}$
2	$^{108}Ag^+$	$^{60}Co^{2+}$	$^{26}Al^{3+}$
3	$^{45}Ca^{2+}$	$^{108}Ag^+$	$^{26}Al^{3+}$
4	$^{45}Ca^{2+}$	$^{26}Al^{3+}$	$^{108}Ag^+$
5	$^{60}Co^{2+}$	$^{108}Ag^+$	$^{28}Mg^{2+}$

4 管理測定技術　　［二日目の課目，標準解答時間：105分］

問1

電離作用を利用する検出器では，荷電粒子や電磁波による電離イオン対の数と電極間電圧との関係は，特徴的な領域に区分されるが，これに関して述べられた次のⅠ～Ⅳの文章において（　）の部分に入る最も適切な語句，記号又は数式等をそれぞれの解答群の中より1つだけ選べ。

Ⅰ　印加電圧が低い領域では，荷電粒子によって生じた（　A　）が電極に達するまでの間に再び結合してしまうことが多くなる。流れる電流が発生（　A　）よりも大幅に少なくなる。したがって，電流計に反映されない状態となって，（　B　）としての計測には不向きな領域となる。この最も印加電圧の低い領域を（　C　）と呼んでいる。

〈Ⅰの解答群〉

1　電子対　　　2　陽子対　　　3　イオン対　　　4　電流計
5　線量計　　　6　検流計　　　7　結合領域　　　8　再結合領域
9　印加領域

Ⅱ　Ⅰの領域より印加電圧が高い領域を，（　A　）領域といい，この領域では，（　B　）も減って，生じた（　C　）が基本的に電極に集められ，電流計にイオン対の量（正しくは，その対数）に比例した電流が（印加電圧に無関係に）流れる。この領域は（　A　）検出器として広く利用されている。

いま毎秒 n 個のエネルギー E ［MeV］の荷電粒子が（　A　）に入射して，その全エネルギーを気体分子の電離（あるいは，励起）に費やす場合には，電離電流 I ［A］は次の式で求められる。

（　D　）

ここで，Q はイオンの電荷［C］(クーロン)，e はイオン1個の電荷 $(1.6 \times 10^{-19}$ C)，W は気体のW値である。

〈Ⅱの解答群〉

1　電離箱　　　2　電流箱　　　3　結合　　　4　再結合
5　電子対　　　6　イオン対　　7　$I = nQ = 10^6 n \cdot E \cdot e / W$
8　$I = nQ = 10^6 n \cdot E \cdot e \cdot W$
9　$I = nQ = 10^6 n \cdot e \cdot W / E$

Ⅲ　Ⅱの領域よりも印加電圧を高くすると，比例計数領域と呼ばれる領域となる。ここでは，荷電粒子によって生じたイオンの速度が速くなり，電極に達するまでの間にガス分子と衝突して新たな電離（二次電離，電子なだれ）を生じる。この現象を（　A　）と呼ぶ。

　印加電圧がある範囲であれば，二次電離イオン対の数 N は，初期の電離である一次電離で生じたイオン対の数 n_0 に（　B　）する。つまり，（増幅はされるものの）一定電圧では電流の大きさは一次イオン対の量に比例するので，この領域は「比例域」と呼ばれ，これを用いるのが（　C　）である。気体増幅率は，計数管の形状や気体の種類・圧力，印加電圧などに影響されるが，一般に（　D　）程度となっている。

<Ⅲの解答群>

1　液体増幅　　2　気体増幅　　3　固体増幅　　4　比例
5　反比例　　　6　電離計数管　7　GM計数管　　8　比例計数管
9　$10^{-2}\sim10^{-4}$　10　$10^{2}\sim10^{4}$　11　$10^{6}\sim10^{8}$

Ⅳ　Ⅲの領域より電圧を上げると，陽極の付近でより大きな（　A　）が起きるが，その規模は（　B　）に無関係に，ある一定以上の規模にならないようになる。したがって，初期電荷量と出力電流量との間の比例関係が崩れて，計数管としては用いられない領域となる。この領域は（　C　）と呼ばれる。

<Ⅳの解答群>

1　陽子なだれ　　2　電子なだれ　　3　粒子なだれ
4　早期電荷量　　5　初期電荷量　　6　汎境界領域
7　境界領域　　　8　後期境界領域

Ⅴ Ⅳの領域より印加電圧の高い領域は，GM領域と呼ばれる。それまでの（ A ）が陽極線の一部で起きていたのに対し，ここでは陽極線全域にわたって発生し，極めて大量の電荷が生じる。つまり，この領域では，荷電粒子などが入射しさえすれば，その量に関係なく放電が起こり，回路には放電ごとに一定の強さの放電電流が流れることになる。この領域は，GM計数管に利用される。

　GM計数管では，放射線が入射しても出力が現れない時間（すなわち，検出器が働いていない時間）があり，これを（ B ）（通常100～200μs）という。放射線強度が強すぎると，不感状態が続き機能停止することがあり，これを窒息現象と呼ぶ。（ B ）を含んでパルスが現れるまでの時間を分解時間，正常なパルスに戻るまでの時間を（ C ）という。これらの間には次のような大小関係がある。

　（ B ）＜分解時間＜（ C ）

　これらの現象による（ D ）の補正が必要となるが，それは次のように行われる。分解時間を T [s]，（見かけの）計数率を n [cps] とすると，真の計数率 n_0 は，次式で求められる。つまり，検出器が働いている時間の計数率に換算していることになる。

　（ E ）

　ここで，n や n_0 は1秒間当たりの計数値である。簡便には（ B ）と分解時間を等しいとして扱うこともある。

＜Ⅴの解答群＞

1	陽子なだれ	2	電子なだれ	3	粒子なだれ
4	感応時間	5	応答時間	6	不感時間
7	終端時間	8	回復時間	9	復帰時間
10	残留時間	11	振い落とし	12	数え落とし
13	数え漏れ				
14	$n_0 = \dfrac{n}{1+nT}$	15	$n_0 = \dfrac{n}{1-nT}$		
16	$n_0 = \dfrac{nT}{1+nT}$	17	$n_0 = \dfrac{nT}{1-nT}$		

Ⅵ　Vの領域より印加電圧の高い領域は，連続放電領域と呼ばれる。非常に高い電圧が印加された場合には，（　A　）などが入射しなくても連続放電が起きる。そのため，この領域は，（　B　）として利用することはできない。この連続放電は（　C　）といわれる。

<Ⅵの解答群>

1	非荷電粒子	2	荷電粒子	3	充電粒子
4	電流計	5	電圧計	6	線量計
7	コナロ放電	8	コロナ放電	9	電磁放電
10	臨界放電				

<解答欄>

Ⅰ

A	B	C

Ⅱ

A	B	C	D

Ⅲ

A	B	C	D

Ⅳ

A	B	C

Ⅴ

A	B	C	D	E

Ⅵ

A	B	C

問2

　化学作用に基づく線量計について述べられた次のⅠ及びⅡの文中において（　）の部分に入る最も適切な語句又は記号をそれぞれの解答群の中より1つだけ選べ。

Ⅰ　硫酸第一鉄（$FeSO_4$）を用い，放射線により（　A　）Fe^{2+} が（　B　）Fe^{3+} に（　C　）することを応用したものに鉄線量計があるが，これは別名を（　D　）線量計ともいう。Fe^{2+} が Fe^{3+} に変化する反応は（　C　）である。電子を e^- と書くと，その反応は次のようになる。これは Fe^{2+} から電子を奪う反応であるので，広い意味で（　C　）反応に含められる。

$$Fe^{2+} \rightarrow Fe^{3+} + e^-$$

＜Ⅰの解答群＞

1　第一鉄イオン　　2　第二鉄イオン　　3　第三鉄イオン
4　第四鉄イオン　　5　還元　　　　　　6　酸化
7　中和　　　　　　8　フリック　　　　9　フリッケ
10　プリッケ

Ⅱ　セリウムの（　A　）反応を利用したものとしてセリウム線量計がある。セリウム線量計では，硫酸セリウム $Ce(SO_4)_2$ 中のセリウムイオンの（　A　）反応を利用している。イオンの反応だけを取り出して書くと，次のようになる。

$$Ce^{4+} + e^- \rightarrow Ce^{3+}$$

これは Ce^{4+} に（　B　）を与える反応であるので，（　C　）の逆の反応であって，（　A　）反応に属するものとなる。

＜Ⅱの解答群＞

1　中和　　2　還元　　3　酸化　　4　陽子
5　陽電子　6　中性子　7　電子　　8　反陽子

＜解答欄＞

Ⅰ

A	B	C	D

Ⅱ

A	B	C

問 3

蛍光作用を用いたシンチレーション検出器に関する次のⅠ及びⅡの文中において（　　）の部分に入る最も適切な語句をそれぞれの解答群の中より1つだけ選べ。

Ⅰ　一部の蛍光物質は通過する放射線から（　A　）を得て励起され，その励起状態から基底状態に戻る際に可視光を発する。これを（　B　）あるいはシンチレーション作用といい，（　B　）を持つ物質を蛍光物質，またはシンチレータと呼んでいる。これらから発する光は微弱なので，光電子（　C　）で大きな電気信号に変換され，電圧パルス信号として処理される。光電子（　C　）の代わりにフォトダイオードを用いて，小型省電力，磁場フリーの検出器も製造できる。

　蛍光物質の代表例としては NaI（よう化ナトリウム），CsI（よう化セシウム），LiI（よう化リチウム），ZnS（硫化亜鉛），$CaWO_4$（タングステン酸カルシウム），BGO（物質の化学式は $Bi_4Ge_3O_{12}$）などがある。NaI や CsI などは（　D　）でシンチレーション・クリスタルと呼ばれ，（　A　）・スペクトルまでも放射線を精度よく測定することができる。これらには少量のタリウム（Tl）などが添加されることがあり，NaI（Tl），LiI（Eu）ユーロピウムなどと表記される。ZnS や $CaWO_4$ などは（　E　）であって，蛍光増感紙や蛍光透視板，蛍光（　C　）などに利用される。蛍光透視板では，物質を透過した放射線の強さの分布が調べられる。

　この原理による放射線検出器をシンチレーション検出器と呼んでいる。その特徴としては次のような点が挙げられる。

(1) 蛍光体は，（　F　）が短いので，高速の測定ができる。
(2) 入射する放射線のエネルギーの大きさに比例した出力パルスが得られる。
(3) 蛍光体の種類を変えることで，α線，β線，γ線，熱中性子線など，多種の放射線の測定が可能である。

＜Ⅰの解答群＞

1	エントロピー	2	エクセルギー	3	エネルギー	4	発光作用
5	蛍光作用	6	燐光作用	7	倍増管	8	増倍管
9	結晶状	10	液体状	11	粉末状	12	板状
13	感応時間	14	不感時間	15	応答時間		

Ⅱ　シンチレータの種類には，次のようなものがある。
(1) NaI（Tl）シンチレータ
よう素 I の原子番号が 53 と大きいため，NaI（Tl）シンチレータはγ線やX線に対して高い計数率を示す。また NaI（Tl）には（　A　）があるので，ガラス窓の付いたアルミケースなどに収めて使用される。そのケースの窓で遮へいされるα線やβ線は検出できない。

　検出器の形状は一般に（　B　）であるが，井戸型（ウェル型）や平板型（プレーナ型，低エネルギーγ（X）線用）もある。
(2) ZnS（Ag）シンチレータ
　（　C　）がかなり高く，バックグラウンド計数がほとんない高性能のものであるが，多結晶の粉末としてしか利用できず不透明なので，（　D　）でしか利用できない。α線や重荷電粒子の測定に利用されている。飛程の長いβ線やγ線の測定には適していない。
(3) 有機シンチレータ
　有機物を用いたシンチレータで，α線，β線，高速中性子線などの測定に利用されるが，原子番号の小さい物質でできているので，（　E　）が十分起こらず，γ線測定には適していない。水素を多く含む物質なので，高速中性子に対して高い検出効率を有する。そのエネルギー・スペクトルを得ることも可能である。発光減衰は，無機物質を用いた無機シンチレータが（　F　）程度なのに対して，有機シンチレータは（　G　）レベルと極めて短いのが特徴である。
①有機結晶シンチレータ：アントラセンやスチルベンなどの有機物結晶を用いたシンチレータである。
②有機液体シンチレータ：有機物や高分子物質を溶媒に溶かし込んで液体として用いるもので，低エネルギーβ線を高感度で検出できるほとんど唯一の検出器である。
③プラスチック・シンチレータ：有機シンチレータを溶媒に溶かして高分子化（プラスチック化）したもので，成形加工が容易で，大容量やファイバ状（繊維状），（　D　）のものも作られている。

<Ⅱの解答群>
1 融解性　　　2 潮解性　　　3 溶解性
4 円盤型　　　5 円筒型　　　6 シンチレーション効率
7 シンチレーション減率　　　8 薄膜状
9 結晶状　　　10 微結晶状　　　11 コンプトン効果
12 光電効果　　13 電子対生成　　14 ms
15 μs　　　　16 ns　　　　　17 ps

<解答欄>

Ⅰ

A	B	C	D	E	F

Ⅱ

A	B	C	D	E	F	G

問4

　次の文章において（　）の部分に入る最も適切な語句又は数式をそれぞれの解答群の中より1つだけ選べ。

　放射線を利用する場合には，放射線防護の観点から，（　A　）影響の発生を防止し，（　B　）影響の発生を制限することが目標とされ，その際の指標の線量として（　C　）線量が用いられる。

　（　A　）影響には（　D　）線量があり，それを超えて被ばくを受けると影響が現れはじめ，さらに高い線量を被ばくした場合には影響の重篤度が増大する。生体の各組織や器官に対する（　D　）線量は，低線量で明らかな変化が現れるものに関しては報告があるが，まだ不明な点もある。一方，（　B　）影響には（　D　）線量がないと仮定されており，線量の増加に伴って変化するものは影響の発生頻度である。

　（　D　）線量がないということは，非常に低い線量の被ばくでも影響の発現は否定できないことを示唆している。長期にわたり低線量の被ばくを受けた場合，いわゆる（　E　）の影響については，まだ分かっていないことも多い。

密封線源の破損等により人体に放射性物質が取り込まれる場合，体内汚染による障害発生の可能性がある。例えば，^{90}Sr は体内に取り込まれると，（ F ）と同様の性質があるため，骨に沈着しやすいので骨髄が被ばくすることになり，再生不良性貧血や（ G ）などの障害を引き起こす可能性がある。放射性核種の種類やその物理的あるいは化学的性状によって沈着する臓器が異なる性質を（ H ）という。

体内に取り込まれた放射性物質も体内から徐々に減少する。その体内量の減少は本来複雑な過程を経るとみられるが，それを単純化して考え（ I ）関数的に減少するものと仮定して，排泄などにより体内量が半減するまでの期間を（ J ）半減期と呼ぶ。これに，放射性核種そのものの放射性壊変による（ K ）半減期を考慮に入れた（ L ）半減期によって，実際の体内量の減少を算出することが行われる。いま，（ J ）半減期を T_B，（ K ）半減期を T_P，（ L ）半減期を T_E と書くこととすると，（ L ）半減期を算出するための基礎式は（ M ）となる。（ L ）半減期は（ C ）半減期といわれることもある。

<解答群>

1	確率的	2	確定的	3	身体的		
4	遺伝的	5	かもい	6	しきい		
7	有効	8	実効	9	照射	10	吸収
11	慢性被ばく	12	急性被ばく	13	ナトリウム		
14	カルシウム	15	よう素	16	水素	17	慢性腫瘍
18	悪性腫瘍	19	良性腫瘍	20	器官親和性		
21	臓器親和性	22	線形	23	対数	24	指数
25	科学的	26	化学的	27	生物学的	28	物理的
29	$T_E = T_B - T_P$	30	$T_E = T_B + T_P$				
31	$\dfrac{1}{T_E} = \dfrac{1}{T_B} + \dfrac{1}{T_P}$	32	$\dfrac{1}{T_E} = \dfrac{1}{T_B} - \dfrac{1}{T_P}$				

<解答欄>

A	B	C	D	E	F	G	H

I	J	K	L	M

問5
次のⅠ～Ⅲの文中において（　）の部分に入る最も適切な語句，記号又は最も近い数値を，それぞれの解答群の中より1つだけ選べ。

Ⅰ　多くの分野において，放射性同位元素を利用した機器が広く用いられている。その例としては，例えば，（　A　）を放出する ^{147}Pm を利用した夜光時計や（　B　）を放出する ^{241}Am を用いたイオン式煙感知器などが挙げられる。これらにおいて，線源は主に単一で用いられることも多いが，組み合わせて用いられることもある。その例としては，土木工事等に有用な携帯型の「水分・密度計」では，（　C　）源として ^{60}Co が，（　D　）源として ^{252}Cf が用いられている。

　例えば，これらの線源の中で，^{60}Co は（　E　）壊変の結果，原子番号が（　F　）が，質量数は（　G　）。そして，その後（　C　）を放出する。

＜Ⅰの解答群＞

1　α線　　　　　2　β線　　　　　3　γ線
4　電子線　　　　5　中性子線　　　6　陽子線
7　α　　　　　　8　β$^+$　　　　 9　β$^-$
10　γ　　　　　 11　軌道電子捕獲
12　1 だけ増える　13　1 だけ減る
14　2 だけ増える　15　2 だけ減る　16　4 だけ増える
17　変わらない

Ⅱ　^{60}Co 線源を用いている使用施設がある。50cm 離れた地点で 1cm 線量当量率は 10μSv·h^{-1} であった。この線源はおよそ（　A　）MBq である。ただし，^{60}Co の 1cm 線量当量率定数を 0.36μSv·m^2·MBq^{-1}·h^{-1} とする。

＜Ⅱの解答群＞

1　0.1　　　2　0.4　　　3　0.7
4　1　　　　5　4　　　　6　7
7　10　　　 8　14　　　 9　17
10　100　　11　400　　 12　700

Ⅲ　いま，この線源をL型輸送物として運搬するに当たり，輸送における基準に従って，輸送物表面における1cm線量当量率を$5\mu Sv\cdot h^{-1}$より低くしたい。線源を鉛容器に入れ，一辺が50cmの立方体の箱の中央に収納する場合，鉛容器の厚さとしては最低（　A　）cmが必要とされる。また，収納時には，箱の表面に汚染がないことを（　B　）により確認すべきである。ただし，^{60}Coのγ線に対する鉛の半価層を1.2cmとし，$\ln 2 \fallingdotseq 0.693$を用いてよい。

＜Ⅲの解答群＞

1　2.6　　2　3.0　　3　3.6
4　4.0　　5　4.5
6　α線用サーベイメータ　　7　β線用サーベイメータ
8　γ線用サーベイメータ　　9　GMサーベイメータ
10　拭き取り法　　11　掻き取り法

＜解答欄＞

Ⅰ

A	B	C	D	E	F	G

Ⅱ

A

Ⅲ

A	B

問6

　次の文章において（　　）の部分に入る最も適切な語句又は数値を解答群の中より1つだけ選べ。

　放射線影響による障害を，「しきい線量」のあるものとないものに区分する立場がある。

　放射線影響に「しきい線量」のある障害を（　A　）影響といっている。この影響の発生率－線量の図には，発生率（％）を（　B　）に線量（Sv）を（　C　）にとり，それぞれを（　D　）で表示する方法が用いられている。この方法では，発生率－線量は一般に（　E　）曲線となる。

線量が 0Sv から「しきい線量」に到達するまでは発生率は 0% であるが，その後，発生率は線量の増大とともに増加する。0% でなくなってから，はじめは下に（ F ）の曲線となり，次に上に凸の曲線となって，最終的には飽和状態に至る。

放射線影響に「しきい線量」のない，あるいは，ないと仮定されている障害は（ G ）影響といわれる。例えば，（ H ）はこの影響によって発現した疾患に属する。この疾患では，被ばくから影響の発現までの期間は，「しきい線量」のある影響に比べて（ I ）という特徴がある。「しきい線量」がないということは，非常に低い線量の被ばくでも影響の発現は否定できないことを意味している。しかし，長期にわたり非常な低線量被ばくを受けた場合に，どのような影響を発現するのかについては，現在なお不明な点が多い。

放射線の影響は，別な分類として，被ばくした個人に発現する身体的影響とその子孫に発現する遺伝的影響との 2 つにも区分されている。子孫に発現する遺伝的影響については「しきい線量」は（ J ）。一方，胚又は胎児が被ばくして生じる発生障害には「しきい線量」は（ K ）。

<解答群>

1	確認的	2	確定的	3	確証的
4	確率的	5	縦軸	6	横軸
7	対数目盛	8	等間隔目盛	9	L字状
10	Γ字状	11	W字状	12	S字状
13	Z字状	14	凹	15	凸
16	黄血病	17	白血病	18	赤血病
19	非常に長い	20	非常に短い	21	存在する
22	存在しない				

<解答欄>

A	B	C	D	E	F	G	H

I	J	K

5 生物学　　　[二日目の課目，標準解答時間：75分]

問1

次の標識化合物のうち，細胞内のたんぱく質合成の解析に用いられるものはどれか。

1　[^{51}Cr] クロム酸ナトリウム　　2　[^{14}C] チミジン
3　[^{13}N] アンモニア　　　　　　4　[^{15}O] 二酸化炭素
5　[^{35}S] メチオニン

問2

放射線によるヒトの全致死線量は，腸死で 8～10Gy 程度とされている。かりに，10Gy のエネルギーが体重 50kg のヒトの全身に与えられたとすると平均の体温上昇幅はどの程度となるか。ただし，ヒトの身体の比熱を 4J/(g·K) とする。

1　2.5K　　　2　0.25K　　　3　0.25K
4　0.0025K　　5　0.00025K

問3

次に示す5種の塩基のうち，DNAの構成塩基ではないものはどれか。

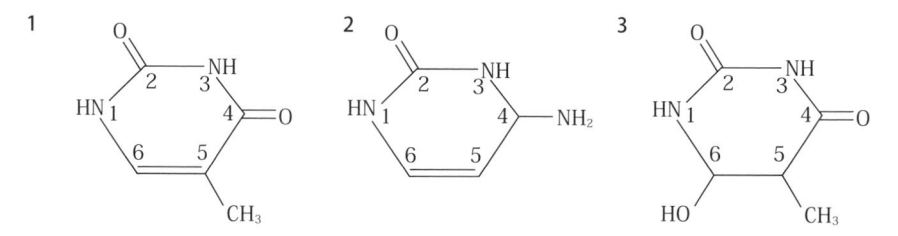

問 4
直接作用と間接作用について，次の記述の中で正しいものはどれか。
1 高 LET 放射線では，間接作用の割合が増加する。
2 放射線のエネルギーを受けて間接作用を実際に起こすものはおもに水分子の変化したものである。
3 試料を凍結して照射すると間接作用の寄与が増大する。
4 間接作用とは，細胞膜で起きた損傷が DNA の損傷を引き起こすことをいう。
5 X 線による細胞致死において，直接作用の寄与は間接作用のそれより大きくなっている。

問 5
γ 線の全身被ばくを受けた場合の急性障害のうち，1Gy よりもしきい線量が小さいものはどれか。
1 永久脱毛
2 一時的脱毛
3 皮膚の持続的紅斑
4 皮膚の慢性潰瘍
5 男性の一時的不妊

問 6
晩発障害に関する次の文章において，誤っているものはどれか。
1 晩発障害とは，急性障害が発症しなかった場合，あるいは，急性障害が軽度で済むか，治癒したケースにおいてもその後長期間の後に起きる障害のことをいう。
2 確率的影響には，晩発障害はない。
3 確定的影響の中にも，晩発障害はある。
4 白内障は，晩発障害に属する。
5 晩発障害は，局所被ばくにおいても出現する。

問 7

放射線による DNA 損傷に関する次の文章において，正しいものはどれか。
1　X 線と γ 線とでは，DNA 損傷の種類が大きく異なる。
2　DNA 損傷は，発がんにつながる染色体異常の有力な原因とはされていない。
3　DNA 架橋という損傷は，放射線損傷に特有な損傷である。
4　DNA 損傷の修復に関与する遺伝子には，複数のものがある。
5　高 LET 放射線による DNA の 2 本鎖切断は，低 LET 放射線の場合に比して修復されやすい。

問 8

次に示す原子や原子団あるいは分子のなかで，不対電子を持つものの組合せはどれか。なお，記号・は，ラジカルを表すものとする。
A　H_2　　　　B　$H\cdot$
C　H_2O　　　D　O_2（通常の酸素）
1　ABD のみ　　2　ACD のみ　　3　BC のみ
4　D のみ
5　ABCD すべて

問 9

次の反応の始原系（反応を始める物質群）の中で，水素ラジカルを生じるものの組合せはどれか。
A　$H_3O^+ + e^-$　　B　$e_{aq}^- + H_2O$
C　$e_{aq}^- + H^+$　　D　$OH^- + H^+$
1　ABC のみ　　2　ACD のみ　　3　BC のみ
4　D のみ　　　5　ABCD すべて

問 10

　高 LET 放射線による DNA 損傷に関して，正しいものの組合せはどれか．
A　複数の損傷が局在して起こることはない．
B　低 LET 放射線の場合と比べて，間接作用が少ない．
C　DNA 塩基に対する酸化的損傷も起こる．
D　DNA 損傷としては，1 本鎖切断も 2 本鎖切断も起こる．
1　ABC のみ　　2　ACD のみ　　3　BCD のみ
4　D のみ　　　5　ABCD すべて

問 11

　放射線による染色体異常に関する記述として，誤っているものはどれか．
1　一般に染色体の切断数は，線量とともに増加する．
2　染色体異常発生の放射線感受性は，分裂期に高くなっている．
3　中間欠失は，2 ヒット型の染色体異常である．
4　同一線量で比較すると，中性子線と γ 線とでは，後者のほうが多数の染色体異常を引き起こす．
5　末梢リンパ球の染色体異常の出現頻度から，被ばく線量の推定が可能である．

問 12

　培養細胞における吸収線量－生存率曲線に関する記述として，誤っているものはどれか．
1　線量率を高くする方が，一般に傾きは急になる．
2　線量－生存率曲線のグラフは，放射線によるがん化の定量に用いられる．
3　10MeV の中性子線よりも 0.5MeV の中性子線の方が傾きは急になる．
4　中性子線の場合は，X 線に比べて，生存率曲線の傾きが急である．
5　線量率が異なれば，吸収線量が等しくても傾きは変化する．

問13

DNAの2本鎖切断とその修復に関する次の記述において，誤っているものはどれか。
1　DNAの2本鎖切断は，1本鎖切断の場合よりも細胞死の原因となりやすい。
2　DNAの2本鎖切断は，細胞周期の停止原因とはならない。
3　DNAの2本鎖切断は，多くの場合には短時間で修復できると見られているが，SLD回復では約12時間，PLD回復でも6〜8時間かかるとされている。
4　非相同末端結合による修復は，細胞周期のすべての段階においてみられる。
5　相同的組換え修復は細胞周期のS期の終わりからG_2期において行われる。

問14

放射線による染色体異常に関する記述として，正しいものはどれか。
1　染色体異常は，分裂期に照射された細胞に限って発生する。
2　染色体異常発生の放射線感受性は，分裂期に高くなっている。
3　同一線量で比較すると，中性子線とγ線とでは，後者のほうが多数の染色体異常を引き起こす。
4　低LET放射線の場合，線量率の程度に関わらず，同じ吸収線量であれば染色体異常の程度には差が見えない。
5　数の異常を起こす頻度は，構造異常を起こす頻度よりも高い。

問15

細胞の放射線感受性と細胞周期の関係について，正しいものの組合せはどれか。
A　分裂期は，放射線感受性が低い。
B　間期の初期は，放射線感受性が低い。
C　DNA合成準備期からDNA合成期の初期にかけては，放射線感受性が高い。
D　DNA合成期は，放射線感受性が高い。
1　AとB　　2　AとC　　3　BとC

4　BとD　　5　CとD

問 16

図は数 Gy の全身被ばく時における末梢血液細胞数の時間的変化を示したものである。A〜D が表す正しい細胞の組合せはどれになるか。

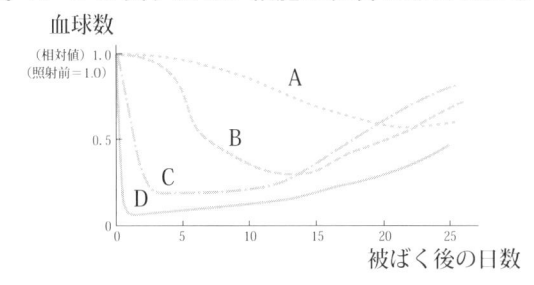

血球数
（相対値）1.0
（照射前＝1.0）
A
0.5
B
C
D
0　5　10　15　20　25
被ばく後の日数

	A	B	C	D
1	血小板	赤血球	リンパ球	顆粒球
2	血小板	赤血球	顆粒球	リンパ球
3	赤血球	顆粒球	血小板	リンパ球
4	赤血球	血小板	顆粒球	リンパ球
5	赤血球	リンパ球	血小板	顆粒球

問 17

放射線による白内障に関する記述として，誤っているものはどれか。
1　しきい値が存在する障害なので，確定的影響に属する。
2　線質による発症の程度に違いは見られない。
3　かなり長い潜伏期間が認められる。
4　進行した症例において，他の原因で起きた白内障とは区別しにくい。
5　水晶体上皮の障害によるものとされている。

問 18

次の放射線障害において，被ばく線量とともに発生頻度も症状の重篤度も増大するものの組合せはどれか。
A　脱毛　　B　白内障　　C　白血病　　D　遺伝的影響
1　AとB　　2　AとC　　3　BとC
4　BとD　　5　CとD

問 19

発がんに関するリスク予測モデルについて述べられた次の文章において，正しい組合せはどれか。

A　リスク予測モデルにおいては，将来のがん発生の時間分布が予測される。
B　相対リスク予測モデルでは，がんの過剰発生数は自然発生数に比例する。
C　絶対リスク予測モデルでは，がんの過剰発生数は照射線量に比例し，自然発生数とは無関係である。
D　寿命調査において，固形がんは相対リスク予測モデルがより適合している。

1　AB のみ　　　2　ACD のみ　　　3　BC のみ
4　D のみ　　　5　ABCD すべて

問 20

放射線による発がんに関する記述として，誤っているものはどれか。
1　放射線による発がんは，基本的に内部被ばくによって起こる。
2　固形がんの被ばく線量と発生率は直線モデルによく当てはまる。
3　放射性発がんで最も潜伏期間の短いものは白血病である。
4　1Sv 以下の低線量率において，発がん率を LQ モデルで推定すると L モデルでの推定値より低くなる。
5　白血病においては，被ばく年齢が低いほど潜伏期間は短くなる。

問 21

次の放射線障害において，晩発性のもののみの組合せはどれか。
1　前駆症状と白血球減少　　　2　宿酔と口内炎
3　下痢と下血　　　　　　　　4　白内障と悪性腫瘍
5　肺線維症と皮膚紅斑

問 22

自然放射線に関する記述として,誤っているものはどれか。
1 日本における自然放射線被ばくは平均で,1.5mSv/年程度とされている。
2 一般に,自然放射線と人工放射線を比較すると,前者の方が RBE は高い。
3 内部被ばくの最大要因は,ラドンおよびその娘核種である。
4 宇宙線の放射能強さは地上で 0.03μSv/h 程度,高度 10,000m の上空では 5μSv/h 程度のレベルとされている。
5 ウラン系列による自然放射線被ばくは,外部被ばくよりも内部被ばくの方が寄与率は高い。

問 23

内部被ばくに関する記述として,正しいものはどれか。
1 内部被ばくでは,核種によらずほぼ全身に均等に影響を与える。
2 放射線の内部被ばくの影響としては,ほとんど遺伝的影響である。
3 ラドンによる肺がんの発生では,喫煙との相乗作用が認められている。
4 経口摂取される核種の中で,被ばく線量の最大のものは ^{14}C である。
5 RBE が大きな放射線を放出する核種は,一般に生物学的半減期が長い傾向にある。

問 24

生物学的半減期に関する記述として,誤っているものはどれか。
1 半減期は,減衰定数と反比例の関係にある。
2 生物学的半減期と有効半減期がほぼ等しいということは,物理学的半減期がこれらに比べて非常に長いということを意味する。
3 生物学的半減期は,常に有効半減期より長い。
4 生物学的半減期は,対象とする組織によって異なる。
5 生物学的半減期は,同じ放射性核種であっても化学的形態によって差異がある。

問 25
胎内被ばくに関する記述として，誤っているものはどれか。
1 胎内被ばくにおいては，確定的影響も確率的影響も起こる可能性がある。
2 胚の死亡には，しきい線量はない。
3 着床前期の被ばくでは，受精卵の死亡，すなわち流産が起こりやすい。
4 胎生2〜8週，あるいは，その後の時期の被ばくでは，小頭症が起こりやすい。
5 被ばく線量推定値としては，母親の子宮線量が用いられる。

問 26
遺伝的影響に関する記述として，誤っているものはどれか。
1 原爆被ばく者の調査から，多くの遺伝的疾患の増加が報告されている。
2 遺伝的影響の重篤度は，線量に依存しない。
3 遺伝的影響において，倍加線量が大きいことは起こりにくいことを意味する。
4 体細胞の突然変異は遺伝的影響には関係しない。
5 精子はDNA損傷の修復機能を持たない。

問 27
放射線の確定的影響に関する記述として，誤っているものはどれか。
1 早期障害は，すべて確定的影響である。
2 放射線量が増加しても症状の重篤度は変わらないことが特徴である。
3 放射線の確定的影響は，組織や臓器を構成する細胞のうち，かなり多くのものが損傷を受けた場合に発症する。
4 精母細胞よりも精原細胞のほうが，致死感受性が高い。
5 腸のクリプト細胞の細胞死によって，腸からの脱水症状などが起こる。

問 28
　放射線の確定的影響に関する記述として，誤っているものはどれか。
1　放射線の確定的影響においては，しきい線量は存在しない。
2　発がんは確定的影響ではない。
3　男性は，女性よりも低い線量で一時的な不妊になる。
4　永久不妊は確定的影響である。
5　生殖腺の被ばくによって，不妊やホルモン分泌異常などが起こる可能性がある。

問 29
　放射線防護効果に関する記述として，誤っているものはどれか。
1　放射線による細胞の致死作用は，防護剤の添加によって緩和される。
2　フリーラジカルと反応する物質は，低 LET 放射線照射において，間接効果を発揮する。
3　分子内に SH 基を持った化合物は，ラジカル・スカベンジャーとして作用する。
4　細胞内には，活性酸素を不活性化する酵素は存在しない。
5　放射線防護剤は，照射前あるいは照射中に添加しなければ効果が発揮できない。

問 30
　次の放射性核種が環境中に放出された場合，サブマージョンを考慮すべきものはどれか。
1　^{40}K　　2　^{85}Kr　　3　^{90}Sr
4　^{131}I　　5　^{137}Cs

6 関係法令　　　[二日目の課目，標準解答時間：75分]

問 1

原子力基本法の目的に関する次の条文に関して，（ A ）〜（ D ）の中に入るべき適切な語句の組合せを選択肢より選べ。

　この法律は，（ A ）の研究，開発及び利用を推進することによって，将来における（ B ）を確保し，（ C ）と産業の振興とを図り，もって人類社会の福祉と（ D ）とに寄与することを目的とする。

	A	B	C	D
1	核物理	エネルギー資源	技術の進歩	国民生活の水準向上
2	核物理	新エネルギー資源	学術の進歩	国民生活の維持向上
3	原子力	エネルギー資源	技術の進歩	国民生活の水準向上
4	原子力	新エネルギー資源	学術の進歩	国民生活の維持向上
5	原子力	エネルギー資源	学術の進歩	国民生活の水準向上

問 2

次に示すものを使用する場合，放射線障害防止法の規制を受けるものはどれか。

1　1個当たりの濃度が380Bq/gであるプロメチウム147（下限数量1×10^7Bq，下限濃度1×10^4Bq/g）が密封された機器部品で，合計数量が3.7MBqを超えるもの
2　密封された炭素14（下限数量1×10^7Bq，下限濃度1×10^4Bq/g）であって，その濃度が740Bq/g，数量が74MBqであるもの
3　密封された固体状のストロンチウム90（下限数量1×10^4Bq，下限濃度1×10^2Bq/g）であって，その濃度が370Bq/g，数量が37kBqであるもの
4　ウラン，トリウム等の核原料物質であって，その濃度が74Bq/g，数量が3.7MBqのもの
5　数量が370kBqの密封されていないプルトニウム及びその化合物

問3

次に放射線障害防止法の周辺の法律体系を図示するが，この中の1～5のうち，不適切なものはどれか。

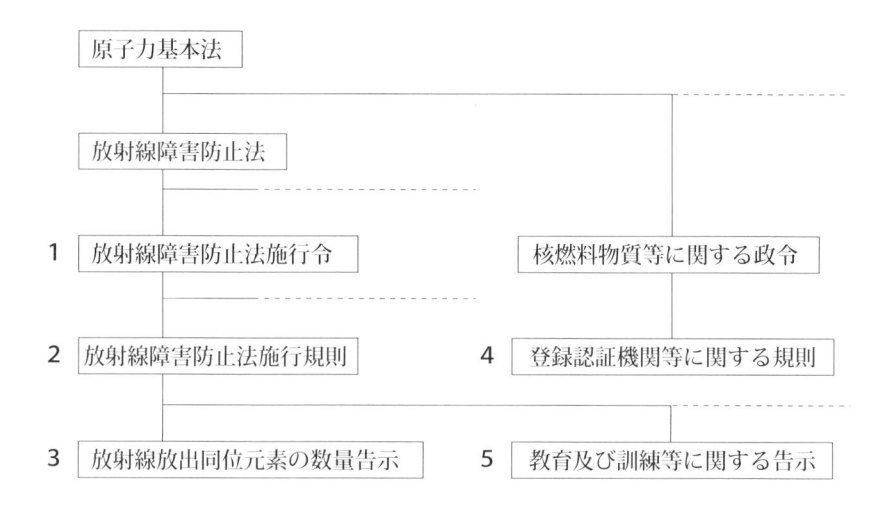

```
        原子力基本法
             │
        放射線障害防止法
             │
1  放射線障害防止法施行令      核燃料物質等に関する政令

2  放射線障害防止法施行規則   4  登録認証機関等に関する規則

3  放射線放出同位元素の数量告示  5  教育及び訓練等に関する告示
```

問4

放射線を発生するものの下限濃度や下限数量に関する記述として，誤っているものはどれか。
1 放射性同位元素等とは，放射性同位元素によって汚染されたものを含む表現である。
2 放射性同位元素を装備している硫黄計は，放射性同位元素装備機器として扱われる。
3 放射性同位元素とは，放射線を放出する同位元素及びその化合物並びにこれらの含有物であるが，機器に装備されているものは含まれないことになっている。
4 線源の濃度や数量が下限を超えているか否かを判断する単位として，非密封線源では，工場あるいは事業場を判断単位とする。
5 複数の核種がある場合には，核種ごとの濃度の下限濃度に対する和が1を超える場合に「下限濃度を超える」とみなされる。

問5

放射線に関する管理区域に関する記述として，誤っているものはどれか。

1　放射線に関する管理区域は，外部放射線に係る線量，空気中の放射性同位元素の濃度，あるいは，放射性同位元素による汚染物表面の放射性同位元素密度によって規定される。
2　外部放射線に係る線量が実効線量で3月間について1.3mSvを超える場所は管理区域である。
3　空気中の放射性同位元素の濃度が3月間平均で空気中濃度限度の1/10を超える場所は管理区域である。
4　放射性同位元素によって汚染される物の表面の放射性同位元素の密度が表面密度限度の1/5を超える場所は管理区域である。
5　外部放射線に係る線量と空気中の放射性同位元素の濃度の両方が該当するおそれのある場合には，それぞれの限度値に対する割合の和が1を超える時に管理区域となる。

問6

放射線業務従事者の線量限度に関する以下の記述において，放射線障害防止法に照らして，誤っているものはどれか。

1　皮膚の等価線量は，4月1日を始期とする1年間について300mSvとする。
2　眼の水晶体の等価線量は，4月1日を始期とする1年間について150mSvとする。
3　実効線量については，4月1日を始期とする1年間につき50mSvとする。
4　妊娠中である女子の腹部表面については，本人の申し出等によって許可使用者が妊娠の事実を知った時から出産までの期間につき，2mSvとされている。
5　妊娠不能と診断された者や妊娠の意思のない旨を使用者等に書面で申し出た者，また妊娠中の者を除く女子について，実効線量は4月1日，7月1日，10月1日，1月1日を始期とする3月間につき5mSvとする。

問7
　使用の許可を受けようとする者が，文部科学大臣に提出する申請書に記載しなければならない事項として放射線障害防止法に定められていないものはどれか。
1　氏名又は名称及び住所並びに法人にあっては，その代表者の氏名
2　放射性同位元素又は放射線発生装置の使用をする施設の位置，構造及び設備
3　放射性同位元素を貯蔵する施設の位置，構造及び貯蔵能力
4　放射性同位元素及び放射性同位元素によって汚染された物を廃棄する施設の位置，構造及び設備
5　廃棄の場所及び方法

問8
　密封された放射性同位元素のみを使用しようとする者が，文部科学大臣の許可を受けるために提出する申請書に添えなければならない書類として放射線障害防止法に定められているものの正しい組合せはどれか。
A　予定使用開始時期及び予定使用期間を記載した書面
B　使用施設，貯蔵施設及び廃棄施設を中心とし，縮尺及び方位を付けた工場又は事業所内外の平面図
C　使用施設，貯蔵施設及び廃棄施設の各室の間取り及び用途，出入口，管理区域並びに標識を付ける箇所を示し，かつ，縮尺及び方位を付けた平面図
D　使用施設，貯蔵施設及び廃棄施設の主要部分の縮尺を付けた断面詳細図
1　ABのみ　　2　ACDのみ　　3　BCのみ
4　Dのみ　　5　ABCDすべて

問9
　使用の許可における変更に関する次の文章の中で，放射線障害防止法上誤っているものはどれか。
1　許可使用者が，放射性同位元素の使用の目的を変更しようとするときは，その変更の許可申請の際に，許可証を文部科学大臣に提出しなければならない。
2　許可使用者が，氏名又は名称を変更したときは，変更の日から30日以内に，許可証を添えてその旨を文部科学大臣に届け出なければならない。
3　貯蔵施設に設置している貯蔵箱を，構造，材料及び貯蔵能力の変わらない貯蔵箱に変更する場合
4　許可使用者が，放射性同位元素の予定使用期間を変更しようとするときは，その変更の許可申請の際に，許可証を文部科学大臣に提出しなければならない。
5　放射性同位元素装備機器を使用する場所の変更においては，変更許可手続きは不要である。

問10
　許可使用者に対して文部科学大臣が交付する許可証に記載する事項として，放射線障害防止法に規定されているものはどれか。
1　氏名又は名称及び住所　　2　使用の方法
3　使用施設の遮へい能力　　4　使用の期間
5　使用施設の位置，構造及び設備

問11
　許可使用者がその許可証を誤って消失してしまった場合の措置として，放射線障害防止法において定められているものは，次のうちどれか。
1　消失した日から30日以内に，文部科学大臣に再交付の申請をしなければならない。
2　誤って消失した日から30日以内に文部科学大臣に届け出れば再交付申請手続きを必要としないが，30日を過ぎた場合には再交付申請手続きをしなければならない。
3　許可証を誤って消失した旨を，速やかに文部科学大臣に届け出るとと

もに，再交付の申請をしなければならない。
4　この許可使用者は，あらためて許可をとり直さなければならない。
5　文部科学大臣に申請し，再交付を受けることができる。

問 12

次の文章のうち，放射線障害防止法に照らして変更の許可を受けなくてもよいものはどれか。
1　診療用に使用している放射線発生装置の使用の目的を変更しようとする場合
2　使用施設の扉を増設する場合
3　放射性同位元素装備機器の使用場所の変更
4　使用施設の管理区域を縮小する場合
5　廃棄施設に設置している排気能力 $50m^3$/分の排風機 1 台を排気能力 $40m^3$/分の排風機に更新しようとする場合

問 13

許可使用者が変更の許可を受けようとするとき，申請書に添えなければならない書類として放射線障害防止法に定められているものの組合せはどれか。
A　変更の予定時期を記載した書面
B　放射線障害予防規程の変更の内容を記載した書面
C　変更に係る使用施設，貯蔵施設及び廃棄施設の主要部分の縮尺を付けた断面詳細図
D　工事を伴うときは，その予定工事期間及びその工事期間中放射線障害の防止に関し講ずる措置を記載した書面
1　AB のみ　　2　ACD のみ　　3　BC のみ
4　CD のみ　　5　ABCD すべて

問 14

次に示す事例のうち，変更の許可を要しない軽微な変更に該当する事項として，放射線障害防止法上定められているものの正しい組合せはどれか。

A 放射性同位元素の数量の減少
B 放射性同位元素の使用時間数の減少
C 放射性同位元素使用室に緊急避難用の退出路を確保するための扉の増設
D 管理区域の拡大及び当該拡大に伴う管理区域の境界に設ける柵の変更で工事を伴わないもの
E 使用施設，貯蔵施設の廃止

1 ABEのみ   2 ACDのみ   3 BCEのみ
4 DEのみ   5 ABDEのみ

問 15

届出販売業者が，その業を廃止した場合の届出に関する記述として，放射線障害防止法に照らして正しいものの組合せはどれか。

A 販売業の廃止の届出は，廃止の日から60日以内に行わなければならない。
B 販売業の廃止の届出に当たって，提出する廃止届は正本1通と副本2通である。
C 届出書には，登記事項証明書の写しを添えなければならない。
D 文部科学大臣が指定する機関に販売の業の廃止の旨を届け出なければならない。

1 Aのみ   2 AとC   3 Bのみ
4 BとD   5 CとD

問 16

保管の技術上の基準に関する記述として，誤っているものはどれか。

1. 貯蔵施設のうち放射性同位元素を経口摂取するおそれのある場所での飲食及び喫煙を禁止すること。
2. 貯蔵施設の目に付きやすい場所に，放射線障害の防止に必要な注意事項を掲示すること。
3. 密封された放射性同位元素を耐火性の構造の容器に入れて保管する場合にあっては，使用施設において行うこと。
4. 貯蔵箱について，放射性同位元素の保管中にこれをみだりに持ち運ぶことができないようにするための措置を講ずること。
5. 放射性同位元素の保管は，容器に入れ，かつ，貯蔵室又は貯蔵箱（密封された放射性同位元素を耐火性の構造の容器に入れて保管する場合にあっては貯蔵施設）において行うこと。

問 17

使用の基準に関する次の文中の（ A ）～（ C ）の中に入るべき語句について，放射線障害防止法上定められているものの組合せはどれか。

密封された放射性同位元素を使用する場合には，その放射性同位元素を常に次に適合する状態において使用すること。

イ （ A ），（ B ）又は破壊されるおそれのないこと。
ロ 密封された放射性同位元素が漏えい，浸透等により散逸して，（ C ）おそれのないこと。

	A	B	C
1	正常な使用状態においては	盗取	飛散する
2	正常な使用状態においては	開封	汚染する
3	いかなる場合においても	開封	汚染する
4	いかなる場合においても	開封	飛散する
5	いかなる場合においても	盗取	汚染する

問 18

運搬に関する次の文章中の（ A ）〜（ D ）に該当する適切な語句について，放射線障害防止法上定められているものの組合せはどれか。

許可届出使用者，届出販売業者，届出賃貸業者及び許可廃棄業者並びにこれらの者から運搬を（ A ）された者は，放射性同位元素又は放射性同位元素によって汚染された物を工場又は事業所の（ B ）において運搬する場合（船舶又は航空機により運搬する場合を（ C ）。）においては，文部科学省令（鉄道，軌道，索道，無軌条電車，自動車及び軽車両による運搬については，運搬する（ D ）についての措置を除き，国土交通省令。）で定める技術上の基準に従って放射線障害の防止のために必要な措置を講じなければならない。

	A	B	C	D
1	委託	外	含む	物
2	委託	内	除く	物
3	依頼	外	含む	方法
4	依頼	外	除く	物
5	依頼	内	含む	方法

問 19

A型輸送物に係る技術上の基準に関する次の文章において，放射線障害防止法上誤っているものはどれか。
1　容易に，かつ，安全に取り扱うことができること。
2　運搬中に予想される温度及び内圧の変化，振動等により，き裂，破損等の生じるおそれがないこと。
3　構成部品は，−40℃から70℃までの温度の範囲において，き裂，破損等を生じるおそれがないこと。
4　周囲の圧力を60kPaとした場合に，放射性同位元素の漏えいがないこと。
5　輸送物の表面の放射性同位元素の密度が表面密度限度を超えないこと。

問 20

次に示す標識のうち，放射線障害防止法において定められているものとして，正しいものはどれか。

A
貯蔵室
許可なくして
立ち入りを禁ず

B
排気設備
許可なくして
触れることを禁ず

C
排水設備
許可なくして
立ち入り又は
触れることを禁ず

D
廃棄作業室
許可なくして
立ち入りを禁ず

1　AとB　　2　AとC　　3　BとC　　4　BとD　　5　CとD

問 21

使用の届出における変更に関する次の文章の中で，放射線障害防止法上正しいものの組合せはどれか。

A　届出使用者は，氏名又は名称を変更しようとする場合には，あらかじめ，その旨を文部科学大臣に届け出なければならない。

B　届出使用者は，使用の目的及び方法を変更しようとする場合には，あらかじめ，その旨を文部科学大臣に届け出なければならない。

C　届出使用者は，法人の住所を変更しようとする場合には，あらかじめ，その旨を文部科学大臣に届け出なければならない。

D　届出使用者は，移転によって事業所の所在地を変更した場合は，変更の日から30日以内に，その旨を文部科学大臣に届け出なければならない。

1　ACDのみ　　2　Bのみ　　3　BCのみ
4　Dのみ　　5　ABCDすべて

問 22

許可届出使用者が備えるべき帳簿に記載しなければならない事項に関する記述として，誤っているものはどれか。
1　放射性同位元素の使用に従事する者の役職
2　放射性同位元素の運搬に従事する者の氏名
3　放射線施設に立ち入る者に対する教育及び訓練の実施年月日
4　受入れ又は払出しに係る放射性同位元素の種類及び数量
5　放射性同位元素の受入れ又は払出しの年月日

問 23

放射線障害防止法に定められている教育及び訓練の項目に該当するものの組合せとして，正しいものはどれか。
A　放射線の人体に与える影響
B　放射性同位元素及び放射線発生装置による放射線障害の防止に関する法令
C　放射線障害予防規程
D　放射性同位元素等又は放射線発生装置の安全取扱い
1　AB のみ　　2　ACD のみ　　3　BC のみ
4　D のみ　　5　ABCD すべて

問 24

健康診断に関する記述として，放射線障害防止法上誤っているものはどれか。
1　等価線量限度を超えて放射線に被ばくしたおそれのある時は，遅滞なく，その者につき健康診断を行わなければならない。
2　健康診断を受けた者に対して，健康診断のつど，その結果の記録の写しを交付しなければならない。
3　放射性同位元素により皮膚の創傷面が汚染され，又は汚染されたおそれのある時は，遅滞なく，その者につき健康診断を行わなければならない。
4　管理区域に初めて立ち入る者に対する問診は，被ばく歴を有する者については，作業の場所，作業期間及び線量についてのみ行う。
5　健康診断の記録を保存すること。ただし，健康診断を受けた者が許可

届出使用者若しくは許可廃棄業者の従業者でなくなった場合又は当該記録を5年以上保存した場合において，これを文部科学大臣が指定する機関に引き渡すときは，この限りでない。

問25
　危険時の措置に関する法第33条の文章における（　A　）～（　C　）に該当する適切な語句の組合せはどれか。
1　許可届出使用者等は，その所持する放射性同位元素若しくは放射性同位元素によって汚染された物又は放射線発生装置に関し，地震，火災その他の災害が起こったことにより，放射線障害のおそれがある場合又は放射線障害が発生した場合においては，直ちに，文部科学省令で定めるところにより，（　A　）を講じなければならない。
2　前項の事態を発見した者は，直ちに，その旨を（　B　）に（　C　）なければならない。

	A	B	C
1	応急の措置	警察官又は海上保安官	通報し
2	応急の措置	消防官又は海上保安官	届け出
3	健康診断	警察官又は海上保安官	通報し
4	健康診断	消防官又は海上保安官	届け出
5	健康診断	文部科学大臣又は国土交通大臣	通報し

問26
　放射線障害防止法施行規則第32条第2項に示された定期講習に関する次の文章において，（　A　）～（　D　）に該当する語句として，放射線障害防止法に照らして妥当な組合せはどれか。
　法第36条の2第1項の文部科学省令で定める期間は，次の各号に掲げる者の区分に応じ，当該各号に定める期間とする。
一　放射線取扱主任者であって放射線取扱主任者に選任された後定期講習を受けていない者（放射線取扱主任者に選任される前（　A　）以内に定期講習を受けた者を除く。）放射線取扱主任者に選任された日から（　B　）以内
二　放射線取扱主任者（前号に掲げる者を除く。）　前回の定期講習を受けた日から（　C　）（届出販売業者及び届出賃貸業者にあっては

(D) 以内

	A	B	C	D
1	1年	1年	3年	5年
2	1年	6月	5年	3年
3	6月	6月	3年	3年
4	1年	1年	5年	3年
5	6月	1年	3年	3年

問 27

　　放射線障害防止法に定期講習を受けさせることを要しない事業者として，放射線障害防止法上正しいものの組合せはどれか。
A　密封された放射性同位元素のみを賃貸する届出賃貸業者
B　表示付認証機器のみを販売する届出販売業者
C　密封されていない放射性同位元素のみを販売する届出販売業者
D　表示付認証機器のみを賃貸する届出賃貸業者
E　密封された放射性同位元素のみを販売する届出販売業者
1　AとB　　　2　AとC　　　3　BとD
4　BとE　　　5　CとE

問 28

　　放射線障害防止法において，密封された放射性同位元素のみを使用する許可使用者が放射線障害予防規程に定めなければならない事項はどれか。
1　放射線障害を受けた者に対する健康管理及び補償に関すること
2　代表者の氏名及び経歴に関すること
3　放射線取扱主任者の選任方法に関すること
4　使用施設等の変更の手続きに関すること
5　放射線障害を防止するために必要な教育及び訓練に関すること

問 29

　　所持の制限に関する記述として，放射線障害防止法に照らして誤っているものはどれか。
1　届出使用者は，その届け出た種類の放射性同位元素をその届け出た貯蔵施設の貯蔵能力の範囲内で所持することができる。

2　許可使用者は，その許可証に記載された種類の放射性同位元素を，その許可証に記載された貯蔵施設の貯蔵能力の範囲内で所持することができる。
3　届出販売業者から放射性同位元素の運搬を委託された者は，その委託を受けた放射性同位元素を所持することができる。
4　表示付認証機器等について認証条件に従った使用，保管又は運搬をする場合には，放射性同位元素を所持できる。
5　届出使用者は，その届出に係る放射性同位元素のすべての使用を廃止したときは，その廃止した日に所持していた放射性同位元素を，文部科学省令で定めるところにより，使用の廃止の日から3月間所持することができる。

問 30
　使用施設等の基準適合命令に関する次の文章において，（ A ）～（ C ）に該当する語句として，放射線障害防止法に照らして妥当な組合せはどれか。
　（ A ）は，貯蔵施設の（ B ）が文部科学省令で定める技術上の基準に適合していないと認めるときは，その技術上の基準に適合させるため，（ C ）に対し，貯蔵施設の移転，修理又は改造を命ずることができる。

	（ A ）	（ B ）	（ C ）
1	文部科学大臣	位置，構造又は設備	届出使用者
2	文部科学大臣	構造又は設備	許可使用者
3	放射線取扱主任者	位置，構造又は設備	許可使用者
4	放射線取扱主任者	構造又は設備	届出使用者
5	放射線取扱主任者	構造又は設備	許可使用者

模擬テスト－解答

1 物理学・化学・生物学

問 1

A	B	C	D	E	F	G	H
2	4	6	7	13	9	16	19

問 2

A	B	C	D	E	F	G	H
1	3	7	12	16	19	23	25

I	J	K
27	34	31

問 3

A	B	C	D	E	F
2	10	12	14	18	19

問 4

I

A	B	C	D	E
2	5	8	10	11

II

A	B	C	D	E
1	5	6	8	12

問 5

I

A	B	C	D
2	7	3	10

II

A	B	C	D	E
2	6	8	13	16

問 6

I

A	B	C	D	E	F	G
1	4	8	9	12	14	18

II

A	B	C	D	E	F	G
2	6	6	10	13	15	20

2 物理学

問1	問2	問3	問4	問5	問6	問7	問8	問9	問10
3	5	1	4	2	1	4	5	3	4
問11	問12	問13	問14	問15	問16	問17	問18	問19	問20
1	2	5	4	2	3	1	3	2	3
問21	問22	問23	問24	問25	問26	問27	問28	問29	問30
1	3	2	5	3	4	1	5	5	4

3 化学

問1	問2	問3	問4	問5	問6	問7	問8	問9	問10
4	2	1	1	4	4	3	1	3	4
問11	問12	問13	問14	問15	問16	問17	問18	問19	問20
4	4	3	2	3	4	2	5	4	5
問21	問22	問23	問24	問25	問26	問27	問28	問29	問30
1	5	4	4	3	5	4	2	2	2

4 管理測定技術

問1

Ⅰ

A	B	C
3	5	8

Ⅱ

A	B	C	D
1	4	6	8

Ⅲ

A	B	C	D
2	4	8	10

Ⅳ

A	B	C
2	5	7

Ⅴ

A	B	C	D	E
2	6	8	12	15

VI

A	B	C
2	6	8

問 2

I

A	B	C	D
1	2	6	9

II

A	B	C
2	7	3

問 3

I

A	B	C	D	E	F
3	5	8	9	11	14

II

A	B	C	D	E	F	G
2	5	6	8	12	15	16

問 4

A	B	C	D	E	F	G	H
2	1	8	6	11	14	18	21

I	J	K	L	M
24	27	28	7	31

問 5

I

A	B	C	D	E	F	G
2	1	3	5	9	12	17

II

A
6

III

A	B
3	10

問 6

A	B	C	D	E	F	G	H
2	5	6	8	12	15	4	17

I	J	K
19	22	21

5 生物学

問1	問2	問3	問4	問5	問6	問7	問8	問9	問10
5	4	3	2	5	2	4	1	1	3
問11	問12	問13	問14	問15	問16	問17	問18	問19	問20
4	2	2	2	3	4	2	1	5	1
問21	問22	問23	問24	問25	問26	問27	問28	問29	問30
4	2	3	3	2	1	2	1	4	2

6 関係法令

問1	問2	問3	問4	問5	問6	問7	問8	問9	問10
5	3	4	3	4	1	5	5	4	1
問11	問12	問13	問14	問15	問16	問17	問18	問19	問20
5	3	2	5	3	3	2	2	5	2
問21	問22	問23	問24	問25	問26	問27	問28	問29	問30
2	1	5	4	1	1	3	5	5	1

模擬テスト-解説と解答

1 物理学・化学・生物学 (解答は P.224, 225 参照)

問1~問4 省略

問5

<Ⅰの解説>

C系列は原子力でよく用いられるウランです。その半減期は地球の年齢とほぼ同じ長さの約45億年とされています。

<Ⅱの解説>

β^-壊変すれば原子番号が一つ増えますし，EC壊変すれば原子番号は一つ減ります。いずれの場合も質量数（原子記号の左上の数字）は増減しません。

問6 省略

2 物理学

問1 解説 　　　　　　　　　　　　　　　　　　　　　　解答 3

基本的に電子が軌道に入るには，偶数でなければなりません。一つの軌道に2個の電子が入り，軌道が一つまたは複数集まって殻を構成します。したがって，1，2，および，4は外れますね。

次に，3と5のどちらを選ぶか，知っていないと解けませんが，nの3乗になるほど複雑ではありません。

問2 解説 　　　　　　　　　　　　　　　　　　　　　　解答 5

運動エネルギー E は，$\frac{1}{2}mv^2$ によって求めます。$1\text{J} = 1\text{kg}\cdot\text{m}^2/\text{s}^2$ ですから，

$$E = \frac{1}{2} \times 1.67 \times 10^{-27} [\text{kg}] \times (3.3 \times 10^7)^2 [\text{m/s}]^2 \times \frac{1}{1.60 \times 10^{-19}} [\text{eV/J}]$$
$$= 5.67 \times 10^6 [\text{eV}] = 5.67 [\text{MeV}]$$

問3 解説　　　　　　　　　　　　　　　　　　　　　　解答　1

1　クーロン力は二つの電荷の距離の2乗に反比例します。すなわち，距離 r [m]，二つの電荷を q_1 [C]，および q_2 [C] として，クーロン力 F [N] は，次のようになります。ε_0 は $8.85 \times 10^{-12} \mathrm{kg^{-1} m^{-3} s^2 C^2}$ で真空の誘電率です。

$$F = \frac{1}{4\pi\varepsilon_0} \frac{q_1 q_2}{r^2}$$

2　これは記述のとおりですね。

3　光量子のエネルギーを E とすれば，それは光量子の振動数 ν [s⁻¹] とプランク定数 h [J·s] の積となります。すなわち，$E = h\nu$ [J] となります。

4　eV の定義は，$-e$ の電荷を持った電子が 0V の電極から +1V の電極に引き寄せられて移動する時に得られる運動エネルギーでしたから，記述のとおりです。これに静止エネルギー（0.511MeV）を加えれば全エネルギーになります。

5　ガンマ線は光速で移動します。光速を c [m·s⁻¹] としますと，エネルギーが E [J] であるような電磁波の運動量 p は，$p = E/c$ となります。$p = mc$，$E = mc^2$ を考えるとわかりやすいですね。

問4 解説　　　　　　　　　　　　　　　　　　　　　　解答　4

1～3　それぞれ記述のとおりです。

4　内側から n 番目の殻には最大 n^2 個ではなくて，$2n^2$ 個の電子までが入ります。

5　正しい記述です。陽子と中性子がひとつずつ合体した粒子を重陽子ということがあります。

問5 解説　　　　　　　　　　　　　　　　　　　　　　解答　2

1J は 1 パスカル [Pa] の力ではなくて，1 ニュートン [N] の力が基になっています。よって **2** が誤りです。

エネルギーの単位はジュール [J] であり，1J は 1 ニュートン [1N] の力で 1m の仕事をしたときのエネルギーです。また，電気的な位置エネルギーの場において，1V の電位に 1 クーロン [C] の電荷が置かれる時，その位置エネルギーは 1J となります。原子レベルでのエネルギーは J 単位

では扱いにくいので，素電荷を基にするエレクトロンボルト［eV］が用いられます。素電荷は陽子や電子の電荷のことであって1.6×10^{-19}なので，次の関係が成り立ちます。

$$1\mathrm{eV} = 1.6 \times 10^{-19} \mathrm{J}$$

問6 解説　　　　　　　　　　　　　　　　　　　　　　　解答　1

　デューテリウムとは，重水素（^{2}H）のことです。ですから，陽子が1個，中性子が1個で原子核ができています。電子の質量は陽子や中性子の質量のおよそ1/1,840ですから，デューテリウムの質量は，電子の$1,840 \times 2 = 3,680$倍となります。

問7 解説　　　　　　　　　　　　　　　　　　　　　　　解答　4

　軌道電子捕獲は，中性子が相対的に不足の原子核において，正電荷の陽子pが負電荷の軌道電子e^-を捕まえて中性子になる変化です。その際に，ニュートリノを放出します。したがって，正解は**4**となります。

問8 解説　　　　　　　　　　　　　　　　　　　　　　　解答　5

　核異性体転移が起きる場合には通常γ線放出に至りますが，それが起こらずにγ線として放出すべきエネルギーを軌道電子に与え，これを原子外に叩き出すのが内部転換といわれる現象です。核異性体転移によるγ線放出と内部転換とが競合関係にあるとされます。

問9 解説　　　　　　　　　　　　　　　　　　　　　　　解答　3

　Aの軌道電子捕獲からはニュートリノが放出され，Dの核異性体転移からはγ線が放出されます。Bの陽電子が放出されるβ^+壊変を含め，その他の現象（C，E）からは，それぞれ電子が放出されます。

問10 解説　　　　　　　　　　　　　　　　　　　　　　解答　4

　選択肢の中で，**4**のβ線は連続エネルギー状態をとります。以下，放射線の種類とエネルギー・スペクトルについてまとめます。

表 放射線の種類とエネルギー・スペクトル

放射線の種類		エネルギー状態	スペクトルの状態
ヘリウム原子核	α 線	単一エネルギー	線スペクトル
電磁波 (光子, フォトン)	γ 線	単一エネルギー	核エネルギー準位による線スペクトル
	特性X線	単一エネルギー	線スペクトル
	制動X線	連続エネルギー	連続スペクトル
電子 (エレクトロン)	β 線 (β^- 線)	連続エネルギー	連続スペクトル
	オージェ電子	単一エネルギー	線スペクトル
	内部転換電子	単一エネルギー	核エネルギー準位による線スペクトル
陽電子 (ポジトロン)	β 線 (β^+ 線)	連続エネルギー	連続スペクトル
中性子 (ニュートロン)	中性子線	連続エネルギー	連続スペクトル

問11 解説　　　　　　　　　　　　　　　　　　　解答　1

中性微子には，ニュートリノと反ニュートリノがあります。選択肢の中では，1のβ^-壊変が反ニュートリノを放出します。3の軌道電子捕獲，および，β^+壊変はニュートリノを放出します。

4の核異性体転移と5の内部転換は，原子核のエネルギー準位間の転移に関する現象です。

問12 解説　　　　　　　　　　　　　　　　　　　解答　2

1　記述のとおりです。
2　β^-壊変では，質量数は増加しません。原子番号が1つ増えます。
3　記述のとおりです。
4　これも記述のとおりです。β^-壊変は，中性子が陽子と電子（陰電子），および，反ニュートリノに分解するプロセスです。自由中性子とは，原子核にない中性子で，半減期約10分にてβ^-壊変します。
5　やはり，記述のとおりです。β^+壊変は，陽子が中性子と陽電子，および，ニュートリノになる過程ですね。

問13 解説　　　解答　5

正しくは，**5** の $1b = 10^{-24} cm^2$ となります。

問14 解説　　　解答　4

4 の吸着反応ではありません。正しくは，ここは吸収反応です。

核反応とは，基本的に入射粒子とターゲット核との衝突反応であって，大別して散乱反応と吸収反応に区分されます。散乱とは，入射粒子がターゲット核に衝突した後で，反応後の核とのクーロン反発力により入射方向とは別な方向に弾き飛ばされる現象です。入射粒子とターゲット核は，衝突の後に運動方向が変化するだけと言えます。吸収とは，入射粒子がターゲット核に衝突した後，そのまま核内に捕捉される現象をいいます。

問15 解説　　　解答　2

内部転換電子数を n_e，γ 線数を n_γ としますと，内部転換係数 α との関係は次のようになります。

$$\alpha = \frac{n_e}{n_\gamma}$$

^{137}Cs 壊変当たりの γ 線放出割合が 0.85 であったということなので，次のような式が成り立ちます。

$$0.946 \times \frac{n_\gamma}{n_e + n_\gamma} = 0.946 \times \frac{1}{\alpha + 1} = 0.85$$

これを α について解きますと，

$$\alpha = 0.11$$

問16 解説　　　解答　3

1　記述のとおりです。
2　これも記述のとおりです。a+A → b+c+B は A(a, b, c)B と書かれます。
3　陽子線を当てて中性子線を発生させる反応は，(n, p) 反応ではなくて，(p, n) 反応といい，またそのように書きます。
4　記述のとおりです。このような核分裂を，自発性核分裂（あるいは自発核分裂，SF，Spontaneous Fission）といいます。
5　これも正しい記述です。

問17 <u>解説</u> 解答 1

原子個数を N としますと，1Bq とは，毎秒 1 壊変する放射能ですので，次式の A に当たります。

$$A = -dN/dt = \lambda N$$

つまり，$A = 400 \times 10^9$ Bq

また，^{192}Ir の質量を M としますと，次のような関係があります。ここで 6.02×10^{23} はアボガドロ数です。

$$A = \lambda N = \lambda \times 6.02 \times 10^{23} \times M/192$$

一方，この壊変定数 λ と半減期は次の関係にあります。

$$T = \ln 2/\lambda = 0.693/\lambda$$

よって，$T = 73.83$ 日 $= 6.4 \times 10^6$ s なので，

$$\lambda = \ln 2 \div T = 0.693 \div (6.4 \times 10^6 \text{s}) = 1.083 \times 10^{-7} \text{s}^{-1}$$

よって，これと A を質量 M の含まれる式に代入しますと，

$$400 \times 10^9 \text{Bq} = 1.083 \times 10^{-7} \text{s}^{-1} \times 6.02 \times 10^{23} \times M/192$$

∴

$$M = 1.18 \times 10^{-3} \text{g}$$

問18 <u>解説</u> 解答 3

壊変の基本式は，次のようになっています。

$$dN/dt = -\lambda N$$

これを，初期条件 $N(0) = N_0$ で解きますと，次のようになります。

$$N = N_0 \exp(-\lambda t)$$

これは，D が正しい式であることを示しています。

一方，$T = \ln 2/\lambda$ ですから，次の変形をして，$e^{\ln x} = x$ という関係を使いますと，

$$\exp(-\lambda t) = e^{-\lambda t} = e^{-(\ln 2/T)t} = e^{-(t/T)\ln 2} = e^{\ln 2^{-t/T}} = 2^{-t/T}$$

これは，A が正しい式であることを示しています。

問19 <u>解説</u> 解答 2

1 正しい記述です。照射線量は，電磁放射線（X 線，γ 線）について適用されます。
2 吸収線量およびカーマの単位は，Sv（シーベルト）ではなくて，Gy（グレイ）です。
3 正しい記述です。

4 これも正しい記述です。原子質量単位 1u は，^{12}C の原子量の 1/12 と定義されていますが，エネルギーに換算しますと 931.5MeV になります。

5 これも記述のとおりです。非電荷粒子線とは，X 線，γ 線，および，中性子線などのことです。

問 20 解説   解答 3

粒子が失う最大エネルギーは，与えられた式の $\cos \phi = -1 (\phi = 180°)$ の場合となります。また，本問では，$M = 4m$ ということですから，これらを使いますと，失う最大エネルギー $E_{\max}$ は次のようになります。

$$E_{\max} = \frac{2m \times 4m}{(m+4m)^2}(1 - \cos 180°) E_\text{n} = \frac{8}{25}(1+1) E_\text{n} = 0.64 E_\text{n}$$

問 21 解説   解答 1

気体が荷電粒子によって電離される時，イオンと自由電子の対が生じます。このイオン対をつくる平均エネルギーを W 値といいます。荷電粒子が気体中でエネルギー E を失った時に生じるイオン対の数を N としますと，W 値 W は，次式で与えられます。

$$W = \frac{E}{N}$$

W 値は，電子や陽子では入射エネルギーによらずほとんど一定の値をとり，W 値は電離エネルギーの 2 倍程度となっています。電離エネルギーはあまり元素に依存しませんので，水素の電離エネルギーの 13.6eV 程度です。したがって，W 値は一般に約 30eV 程度で，空気のそれは 33.97eV となっています。

本問において，空気中で停止するまでに α 線が失ったエネルギーは 5.0MeV ということになりますので，$W = 33.97$eV を用いて，

イオン対の数 $= 5.0 \times 10^6 \div 33.97 = 1.47 \times 10^5$

空気の W 値は，与えられないことも多いので 34eV と覚えておきましょう。

問 22 解説

解答　3

1. 記述のとおりです。
2. 阻止能も線エネルギー付与も単位長さ当たりのエネルギー量変化なので，同じ単位で表されます。これも記述のとおりです。
3. 関係式の形が誤っています。W値，および，比電離 n_i と阻止能の間には，dE/dx 正しくは次のような関係があります。

$$W = \frac{dE/dx}{n_i}$$

4. 正しい記述です。
5. 荷電粒子の阻止能は，入射粒子の運動エネルギーに反比例します。運動エネルギーは速度の2乗ですから，正しい記述となっています。

問 23 解説

解答　2

多くの同位体の半減期を覚える必要はありませんが，典型的なものは頭に入れておきましょう。コバルト60の約5年，よう素131の8日，セシウム137とストロンチウム90の約30年などは知っておかれるほうがよいでしょう。本問において，2のよう素131の8年は長すぎます。8日です。

福島の第一原子力発電所の事故でも話題になったものがありましたね。以下，主な放射性元素のデータを示します。ここで，比放射能は，放射性核種1g当たりの放射能［Bq］です。

表　各種の放射性核種の半減期と比放射能

核種	半減期	比放射能/Bq	核種	半減期	比放射能/Bq
^{3}H	12.33 年	3.58×10^{14}	^{131}I	8.02 日	4.59×10^{25}
^{14}C	5,730 年	1.65×10^{11}	^{137}Cs	30.07 年	3.22×10^{12}
^{16}N	7.13 秒	3.66×10^{21}	^{226}Ra	1,600 年	3.66×10^{10}
^{41}Ar	1.822 時間	1.55×10^{18}	^{235}U	7.038×10^8 年	8.00×10^4
^{60}Co	5.27 年	4.18×10^{13}	^{238}U	4.468×10^9 年	1.24×10^4
^{90}Sr	28.78 年	5.05×10^{12}	^{239}Pr	2.413×10^4 年	2.29×10^9

問 24 解説

解答　5

1～4　いずれも正しい記述です。

5 β^-線(最大エネルギーE_{max}[MeV])と電子線(エネルギーE[MeV])に関して物質中の単位面積当たりの飛程R[g·cm^{-2}]は実験的に次のように求められています。全く同一の式で近似されているという言い方には問題があります。
- β^-線:$R = 0.542 E_{max} - 0.133$　　$(0.8 < E_{max} < 3)$
- 電子線:$R = 0.526 E - 0.094$

問25　解説　　　　　　　　　　　　　　　　　　　　　　解答　3

まず,β線の減弱状況は指数関数によって近似ができますので,長さをcm単位で扱い,鉄板での必要厚みをxとしますと,線減弱係数としてμを用いれば,次の式が立てられます。

$$\exp(-0.1\mu_{Al}) = 0.05$$
$$\exp(-x\mu_{Fe}) = 0.05$$

これらの式より,次の関係が求まります。

$$0.1\mu_{Al} = x\mu_{Fe}$$

∴
$$\mu_{Al}/\mu_{Fe} = x/0.1$$

一方,線減弱係数と質量減弱係数μ_mの関係より,密度をρとして,次の関係があります。

$$\mu_{mAl} = \mu_{Al}/\rho_{Al}$$
$$\mu_{mFe} = \mu_{Fe}/\rho_{Fe}$$

質量減弱係数は物質によらず,ほぼ一定ですので,

$$\mu_{mAl} = \mu_{mFe}$$

このことから,

$$\mu_{Al}/\rho_{Al} = \mu_{Fe}/\rho_{Fe}$$

密度に数値を入れて,

$$\mu_{Al}/2.7 = \mu_{Fe}/7.9$$

∴
$$\mu_{Al}/\mu_{Fe} = 2.7/7.9$$

この式と先に求めておいたμ_{Al}/μ_{Fe}の比の式より,

$$2.7/7.9 = x/0.1$$

これから,

$$x = 2.7/7.9 \times 0.1 = 0.034 \text{cm} = 0.34 \text{mm}$$

問26 解説　　　　　　　　　　　　　　　　解答　4

1～3　これらはいずれも正しい記述です。
4　光電効果において放出される電子のエネルギー E_e は，入射電磁放射線のエネルギー $h\nu$ と放出電子の結合エネルギー I の差に等しいので，問題文は誤りです。すなわち，$E_e = h\nu - I$ です。
5　これも正しい記述です。

問27 解説　　　　　　　　　　　　　　　　解答　1

下線部 1 はニュートリノになっていますが，ここは反ニュートリノが正しいものです。ニュートリノと反ニュートリノは（陽電子と電子のように）互いに反物質で，合体すると消滅するというものです。

中性子は，原子核の中で陽子と結合している時は安定でも，単独で存在しますと不安定な物質で，半減期が 10 分強で壊変して陽子に転換し，同時に電子と反ニュートリノを放出しますが，その反応は次のように書けます。

$$n \to p + e^- + \bar{\nu}$$

中性子はエネルギーによって，熱中性子，熱外中性子，高速中性子などに分類されます。熱中性子とは，周囲の媒質温度が室温の場合に，それと熱平衡にある中性子のことで，エネルギー分布はマクスウェル・ボルツマン分布に従い，運動エネルギー分布の最大値に相当するエネルギーは 0.03eV 程度です。媒質温度が室温より低い場合には，冷中性子などともいいます。

問28 解説　　　　　　　　　　　　　　　　解答　5

1～4 まではそれぞれで正しい単位となっていますが，5 の壊変定数は，s ではなくて，s^{-1} が正しい単位です。

時間 t だけ経過した際の原子数が N であるとしますと，壊変の基本式として，次の式がありますが，

$$dN/dt = -\lambda N$$

この式で，λ が壊変定数です。この式の両辺を比較してみますと，両辺の N を除けば，λ が $1/dt$ の単位であることがわかりますね。

問29 解説　　　　　　　　　　　　　　　　　解答 5

1〜3 α線，β線，および，γ線は，解説するまでもなく，放射線として代表的なものですね。

4 δ線とは，あまり聞き慣れませんが，荷電粒子が高速で物質中を通過する際，原子や分子などからたたき出される電子のうち，高エネルギーを持って放射線として観測されるものをいいます。別な言い方をしますと，一次電離で発生した電子のうち，二次電離を起こすエネルギーを持つ電子ともいえます。

5 ε線という放射線はありません。

問30 解説　　　　　　　　　　　　　　　　　解答 4

1 γ線は原子核の近くを通る時に影響を受けて，通常は最も内側のK殻電子を追い出す現象です。最外殻電子ではありません。

2 光電効果は，γ線と物質中の束縛電子との相互作用です。原子核からの束縛に打ち勝つエネルギーを与えてたたき出します。

3 一度光電効果を起こしますとγ線は消滅しますので，引き続いて起こすことはありません。

4 コンプトン散乱の結果，γ線は電子にエネルギーを与えて自身の持つエネルギーは減ります。電磁波のエネルギー $h\nu$ が減るということは，ν（振動数）が小さくなることであり，波長は長くなることを意味します。

5 通常は，運動量保存則からして，90°を超える角度では散乱されることはありません。0〜90°の範囲内で散乱します。γ線の散乱方向はあらゆる角度の可能性があります。

3 化学

問1 解説 　　　　　　　　　　　　　　　　　　　　　　解答　4

核反応の表式としての，A (a, b) B は，化学反応式として表しますと，次のようになります。

$$A + a \to B + b$$

したがって，^{56}Fe (d, n) ^{57}Co を化学反応式として表しますと，次のようになります。

$$^{56}\text{Fe} + d \to {}^{57}\text{Co} + n$$

ここで，d は重水素なので ^2_1H，n は中性子なので ^1_0n と書けます。また，鉄 Fe の原子番号が 26 と与えられていますので，^{56}Fe は $^{56}_{26}\text{Fe}$ となります。

この反応は，鉄の原子核に重水素（陽子＋中性子）が衝突して中性子が飛び出す反応ですので，鉄の原子核に陽子を一つ増えて ^{57}Co になったと考えますと，^{57}Co が $^{57}_{27}\text{Co}$ であることがわかります。ただ，この考察をしない場合でも，^{57}Co の原子番号を x として次の式を立ててみますと，

$$^{56}_{26}\text{Fe} + {}^2_1\text{H} \to {}^{57}_x\text{Co} + {}^1_0\text{n}$$

質量数は，左辺 $= 56 + 2 = 58$，右辺 $= 57 + 1 = 58$ で釣り合っており，原子番号（陽子数）については，

$$26 + 1 = x + 0$$

という式が成り立ちます。これを解いて，

$$x = 27$$

結局，**4** が正解となります。

問2 解説 　　　　　　　　　　　　　　　　　　　　　　解答　2

原子量は，1 モルの原子の質量ですので，単位をつける場合には，正確には「モル質量」という概念となり，[g/mol] となります。

また，これと別な概念で，質量数というものがあります。一般に質量数は原子核の陽子数と中性子数の和という定義になっています。数なので，[個] とする立場や無次元とする立場があります。しかし，水素の質量数を1と考えますと，これは原子量にもほぼ等しくなります。「ほぼ」と言いますのは，低い桁数において若干の違いがあるからですが，基本的に原子量と考えられます。

問3 解説　　　　　　　　　　　　　　　　　　　　　　　　　　　　　解答　1

　安定核種のあるものとないものがあり，安定核種のあるものの中でも，1種類しかないもの，2種類あるいは3種類もあるものがあります。元素のすべてについて頭に入れる必要はありませんが，原子番号の若いものについてまとめておきます。安定核種が1種類しかないものは，Be（ベリリウム）とF（ふっ素）だけのようですね。

　この表を眺めてみますと，不思議なことに質量数の中には同じものがないことに気がつきます。また，質量数5と8の核種がないこともわかります。

表　安定核種の例

原子番号	元素記号	安定核種	原子番号	元素記号	安定核種
1	H	^{1}H, ^{2}H	6	C	^{12}C, ^{13}C
2	He	^{3}He, ^{4}He	7	N	^{14}N, ^{15}N
3	Li	^{6}Li, ^{7}Li	8	O	^{16}O, ^{17}O, ^{18}O
4	Be	^{9}Be	9	F	^{19}F
5	B	^{10}B, ^{11}B	10	Ne	^{20}Ne, ^{21}Ne, ^{22}Ne

問4 解説　　　　　　　　　　　　　　　　　　　　　　　　　　　　　解答　1

　1TBqから1GBqに低下したということは，10年で1/1,000になったということです。

　半減期をTとしますと，この減衰は次の式に従いますので，

$$N = N_0 (1/2)^{t/T}$$

この式を使いますと，

$$1/1,000 = (1/2)^{10/T}$$

逆数にして，

$$1,000 = (2)^{10/T}$$

この式からTを求めるには，一般には対数計算などをする必要がありますが，次の関係を覚えておかれると速いです。これは結構役に立つ関係ですので，頭に入れておかれるとよいでしょう。

$$2^{10} ≒ 1,000\ （正確には，1,024となります）$$

これを使いますと，2の肩が10ということですので，$T ≒ 1$

問5 解説　　　　　　　　　　　　　　　　　　　　解答　4

　一見びっくりする表が与えられてまごつくかもしれません。表の中の (A, B) という表記は核反応の表記様式で，原子核にAを当てて，その結果核種が変化し同時にBが発生するということを表しています。

　したがって，一番右上の欄の (α, n) は，α粒子（ヘリウム原子核：中性子2個，陽子2個）が当たって，n（中性子）が放出されることを意味しています。α粒子の質量数は4で，中性子の質量数は1ですので，+4−1=+3 という変化というわけです。同様に，原子番号は基本的に陽子の数の変化ですので，α粒子の陽子が+2となり，放出される中性子は±0ですから，原子番号は+2の変化となります。

　そのように見ていきますと（若干記載されている核反応の数が多いので大変ですが），**4** の中央の欄（質量数±0の欄）の (n, n) は同じものが出入りしていますので，陽子数の変化はありません。なので，陽子数−1 というのは誤りとなります。正しくは，ここは (n, p) となります。

　正しい表を次に掲げます。

表　核反応による原子番号と質量数の変化

質量数＼原子番号	−3	−2	−1	±0	+1	+2	+3
+2				(α,4n)	(α,3n)	(α,2n)	(α,n)
+1		(p,3n)	(p,2n)	(p,n) (d,2n)	(p,γ) (d,n)	(α,n,p)	(α,p)
±0			(γ,n) (n,2n)	—	(n,γ) (d,p)		
−1	(p,α)	(d,α)	(γ,p)	(n,p)			
−2	(n,α)						

問6 解説　　　　　　　　　　　　　　　　　　　　解答　4

1　記述のとおりです。
2　これも記述のとおりです。質量数が5および8の安定核種は存在しません。質量数が200以下の元素では，不思議なことにこの二つだけとなっています。

3　やはり記述のとおりです。存在確率が小さいので $^3H^3HO$ として存在することはほとんどありません。

4　骨に含まれる金属はおもに Ca（カルシウム）です。K（カリウム）は Na と同様の化学的性質を持っていますので，放射性の ^{40}K も非放射性の ^{39}K も全身に分布しています。

5　正しい記述です。Kr（クリプトン）は，Ne（ネオン）や Ar（アルゴン）の仲間の希ガスに属する元素で，放射性核種であってもなくても単原子分子として存在します。^{85}Kr はウランやプルトニウムの核分裂で生じる半減期の長い核種の典型例です。

問7　解説　　　　　　　　　　　　　　　　　　　　　　　解答　3

1　記述のとおりです。ただ，「考えられていた」と過去形になっているのは，P 50 に記した事情によります。

2　これも記述のとおりです。ウラン系列は，途中に枝分かれの系列もありますが，主な壊変は α 壊変 8 回と β 壊変が 6 回の系列となっています。

3　$4n+3$ 系列はランタノイド系列とは呼ばれていません。これはアクチニウム系列とされています。$4n+2$ 系列のウラニューム系列はウラン系列ともいいますので，この部分は誤りではありません。天然の放射性壊変は，原理的に $4n$ 系列，$4n+1$ 系列，$4n+2$ 系列，$4n+3$ 系列の 4 種類に整理され，分類されています。β 壊変では原子番号が変わりませんが，α 壊変では原子番号が 4 だけ変化しますので，$4n+0\sim3$ の形が基本となっています。

4　記述のとおりです。半減期をすべて覚える必要はありませんが，^{14}C や ^{90}Sr，^{137}Cs など，重要なものは頭に入れておかれるとよいでしょう。

5　記述のとおりです。問題にされるほどの量ではないとはされていますが，我々の日常食品の中にもこの割合で ^{40}K が入り込んできています。^{40}K の半減期は約 13 億年と長いものとなっています。

問8　解説　　　　　　　　　　　　　　　　　　　　　　　解答　1

与えられた反応式を，質量数と原子番号を入れて，通常の化学反応式の形で書いてみます。その際に，未知粒子の質量数を x，原子番号を y と書

いておきます。
$$^{63}_{29}\text{Cu} + ^{4}_{2}\text{He} \rightarrow ^{66}_{31}\text{Ga} + ^{x}_{y}\text{X}$$
この式の両辺の質量数から，
$$63 + 4 = 66 + x$$
また，両辺の原子番号（陽子数）より，
$$29 + 2 = 31 + y$$
よって，
$$x = 1$$
$$y = 0$$
これは，Xが中性子（n粒子）であることを示しています。

問9 解説   解答 3

まず，壊変の方程式は半減期 T を含めた形で書きますと，次のようになります。
$$-\frac{dN}{dt} = \frac{0.693}{T}N$$
この式は，放射能をも表していますので，初期のそれぞれの原子数を N_{A0}，および，N_{B0} としますと，次の式が成立します。
$$\frac{0.693}{T_A}N_{A0} = \frac{0.693}{T_B}N_{B0}$$
よって，
$$\frac{N_{A0}}{N_{B0}} = \frac{T_A}{T_B}$$
一方，時間 τ だけ経過した時の原子数，N_A，および，N_B は，
$$N_A = N_{A0}\left(\frac{1}{2}\right)^{\frac{\tau}{T_A}}$$
$$N_B = N_{B0}\left(\frac{1}{2}\right)^{\frac{\tau}{T_B}}$$
となりますので，これらの比をとれば，
$$\frac{N_A}{N_B} = \frac{N_{A0}}{N_{B0}}\left(\frac{1}{2}\right)^{\tau\left(\frac{1}{T_A} - \frac{1}{T_B}\right)} = \frac{N_{A0}}{N_{B0}} 2^{\tau\left(\frac{1}{T_B} - \frac{1}{T_A}\right)}$$
これに，初期の原子数の比を代入しますと，

$$\frac{N_A}{N_B} = \frac{T_A}{T_B} 2^{\tau\left(\frac{1}{T_B} - \frac{1}{T_A}\right)}$$

問10 [解説]　　　　　　　　　　　　　　　　　　　　　[解答　4]

考えられる4種の系列をまとめます。アクチニウム系列（$4n+3$）とネプツニウム系列（$4n+1$）は壊変回数が同じになっていますね。

表　放射性核種の系列

系列名	質量数表記	出発物質	α壊変	β壊変	最終物質
トリウム系列	$4n$	^{232}Th	6回	4回	^{208}Pb
アクチニウム系列	$4n+3$	^{235}U	7回	4回	^{207}Pb
ウラン系列	$4n+2$	^{238}U	8回	6回	^{206}Pb
ネプツニウム系列	$4n+1$	^{237}Np	7回	4回	^{205}Tl

少し細かい図になりますが，4種類の壊変系列図を示します。それぞれの枠中の（　）に半減期を，移項する矢線に壊変種別を（一部に，生起確率を）記入しています。これらの系列は，基本的にα壊変（質量数4の変化），あるいは，β壊変（質量数0の変化）で変化する系列になっていますので，同一系列の元素の質量数は4の倍数差（4で割って，余る数が同一）の数で成り立っています。これが，$4n$系列などと書かれる理由です。

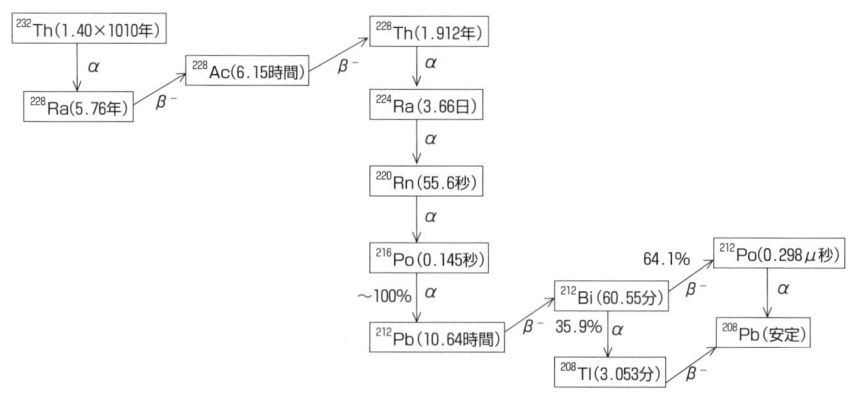

図　トリウム系列（$4n$系列）

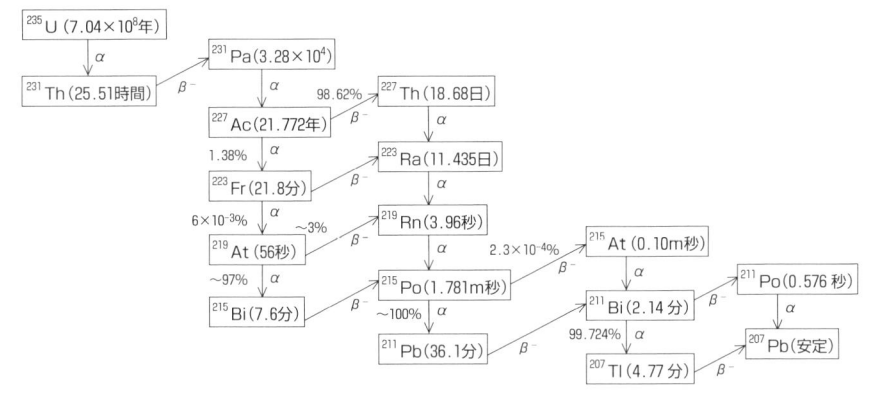

図 アクチニウム系列（$4n+3$ 系列）

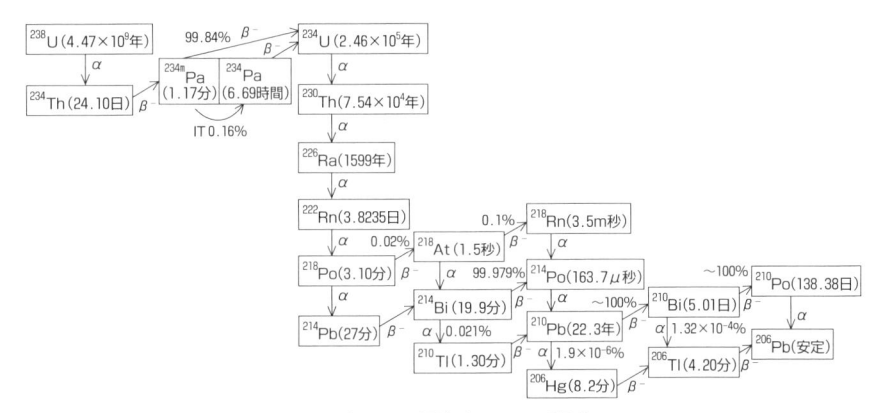

図 ウラン系列（$4n+2$ 系列）

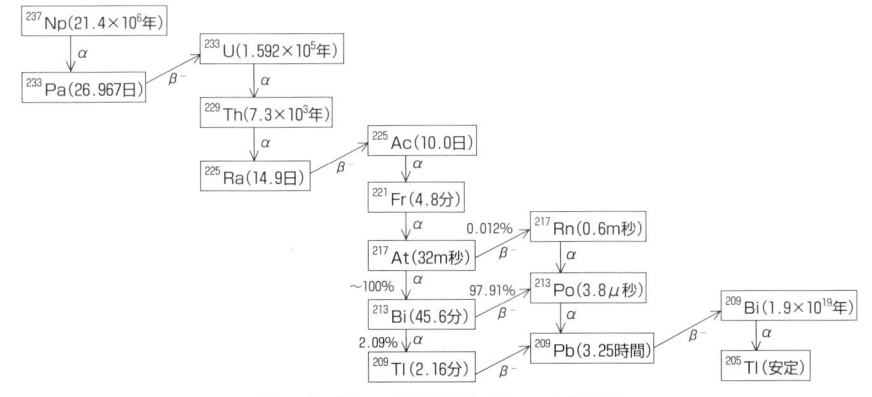

図 ネプツニウム系列（$4n+1$ 系列）

問11 解説　　解答　4

1 記述のとおりです。
2 これも記述のとおりです。
3 やはり記述のとおりです。
4 これは誤りです。^{238}U の熱中性子による核分裂によって生じる核種の質量数はおよそ 72〜160 程度です。
5 正しい記述です。^{244}Cm はキュリウム，^{254}Fm はフェルミウム，^{252}Cf はカリホルニウムです。^{252}Cf は，各種の用途に用いられる有用な自発核分裂核種となっています。

問12 解説　　解答　4

1 IT は内部転換遷移（あるいは，核異性体転移，アイソマー・トランジション）の略です。原子核の中の中性子や陽子の結合の状態が変化してより安定なものになる現象をいいます。核異性体としての変化ですが，核異性体は左肩に m を書いて表されます。^{137n}Ba ではなくて，^{137m}Ba が正しい記法です。
2 ^{131}I が β^- 壊変して ^{131}Xe に変わることは正しいのですが，↓の記号はおもに液体系の物質が固体となって沈殿することを意味しています。Xe は希ガスですので，（一般に壊変系列のところで記号↑や↓を使うことは少ないですが）あえて書くならば，ここは ^{131}Xe↑とすべきです。↑は気体となって系外に出て行くという記号です。
3 EC は電子捕獲（エレクトロン・キャプチャー）の略で，原子核の中の陽子が軌道電子を捕まえて中性子となり，ニュートリノを放出する変化です。つまり，陽子が一つ減りますので原子番号は一つ小さくなりますが，この壊変で質量数が減っているのは誤りとなります。
4 これは，アクチニウム系列（$4n+3$ 系列）の最初の壊変になります。正しい記述です。
5 α 壊変とは，α 粒子（ヘリウム原子核）が放出される壊変です。したがって，質量数が 4 だけ減り，原子番号（陽子数）が 2 だけ減ります。質量数 150 が 145 になっているのは誤りです。

問13 解説　　解答　3

この表は，縦の欄に質量数，横の欄に原子番号（陽子数）が取られてい

ます。右に進む矢印は β 壊変を，左斜め下に進む矢印は α 壊変を表しており，ここでは，最終的に $^{208}_{82}\text{Pb}$ となって安定な核種に至っています。

ここで，3に Pa（パラジウム）とあるのは誤りで，ここは Po（ポロニウム），すなわち，$^{212}_{84}\text{Po}$ が正解です。Po はこれ以上の大きな原子番号の元素は安定核種がないという意味でも特徴的なので覚えておきたいですね。Po より原子番号の小さい元素で，安定核種のないものは，$_{43}\text{Tc}$（テクネチウム）と $_{61}\text{Pm}$（プロメチウム）しかありません。

正しい表として再掲しますと，次のようになります。

質量数 \ 原子番号	81	82	83	84
212		$^{212}_{82}\text{Pb}$ →	$^{212}_{83}\text{Bi}$ →	$^{212}_{84}\text{Po}$
208	$^{208}_{81}\text{Tl}$ →	$^{208}_{82}\text{Pb}$		

問 14 [解説] 解答 2

2の陽電子壊変（β^+ 壊変）というのは誤りです。中性子が過剰の場合には，通常の電子である陰電子を放出して β^- 壊変が起きます。電荷的に中性な中性子が電子（負電荷）を放出して自らは陽子（正電荷）となるわけです。

陽子が過剰の原子核においては，その陽子が陽電子を放出して自らは中性子に変わります。それが β^+ 壊変です。

核分裂によって直接に生成する核種は核分裂片と呼ばれますが，核分裂片は一般に原子核内の中性子が過剰であることが多く，その中性子が陰電子壊変（β^- 壊変）して安定な核種に落ち着こうとします。通常の場合，この壊変は1回で終わらず，数回の壊変をたどって最終的に安定な核種に至ることが多くなっています。その例として，ウランの核分裂における ^{137}I の例を挙げますと，次のようになります。

$$^{137}\text{I} \rightarrow {}^{137}\text{Xe} \rightarrow {}^{137}\text{Cs} \rightarrow {}^{137m}\text{Ba} \rightarrow {}^{137}\text{Ba}$$

^{137}I の壊変半減期は24.5秒，^{137}Xe のそれは3.82分とかなり短く，^{137}Cs

の半減期が30.2年と長いので，これが放射性物質の害が問題になる際に，^{137}Cs が挙げられることの多い理由です。^{137m}Ba の半減期は64時間，^{137}Ba は安定核種です。

問15 解説　　　　　　　　　　　　　　　　　　　　解答 3

原子番号 Z，質量数 A の核に何かを当てて，原子番号 Z，質量数 $A+1$ の核を得るということですから，陽子数は変化せずに質量数が1だけ減る反応です。それぞれの変化をまとめてみますと，次表のようになります。

選択肢	核反応	陽子数の増減	質量数の増減
1	$(\gamma, 2n)$	±0	−2
2	(γ, d)	−1	−2
3	(n, γ)	±0	+1
4	(n, d)	+1	−1
5	$(n, 2n)$	±0	−1

これより，3 が選択できます。

問16 解説　　　　　　　　　　　　　　　　　　　　解答 4

原子数を N，放射能を A，壊変定数を λ，半減期を T としますと，次式が成り立ちます。

$$A = \lambda N = (\ln 2/T) N$$

書き換えて，

$$N = AT/\ln 2$$

つまり，原子数は放射能と半減期の積に比例します。

80分後の ^{11}C の放射能 A_{11} は，初期値 A_{110} の $(1/2)^{80/20}$ 倍ですから，

$$A_{11} = A_{110} \times (1/2)^{80/20}$$
$$= 1\,\mathrm{TBq} \times (1/2)^4$$
$$= (1/16)\,\mathrm{TBq}$$

また，^{14}C の半減期は極めて長いので，80分後にもほとんど同じ放射能 ($A_{14} = A_{140}$) です。

したがって，両者の原子数の比 N_{11}/N_{14} は，

$$N_{11}/N_{14} = \{(1/16)\,\text{TBq} \times 20\,\text{分}/\ln 2\} \div \{1\,\text{kBq} \times 3 \times 10^9\,\text{分}/\ln 2\}$$
$$= (1/16) \times 10^9 \times 20\,\text{分} \div (3 \times 10^9\,\text{分})$$
$$= 0.417$$

問17 [解説]　　　　　　　　　　　　　　　　　　解答　2

　外部から何も照射されなくても核分裂する現象は自己核分裂といいますが，これに対して，粒子等を照射して生じる核分裂を誘導核分裂といいます。誘導核分裂は粒子をxと書けば，(x,f) と表記されます。ただし，fという粒子はありませんので，**2** が誤りとなります。

問18 [解説]　　　　　　　　　　　　　　　　　　解答　5

1～4　これらはいずれも ^{54}Mn を生じます。
5　これは，^{55}Fe を生じます。

　ここで用いられている記号としては，γはγ線，nは中性子，pは陽子，^{3}He は質量数3のヘリウム核（陽子2個，中性子1個），dは重水素核（陽子1個，中性子1個）です。

　ここでそれぞれの反応における原子番号（陽子数）と質量数の増減を整理しておきましょう。

反応	原子番号（陽子数）の増減	質量数の増減
(γ, n)	±0	−1
(n, p)	−1	±0
(p, ^{3}He)	−1	−2
(n, 2n)	±0	−1
(p, d)	±0	−1

問19 [解説]　　　　　　　　　　　　　　　　　　解答　4

　反応式を書いてみます。
^{6}Li + ^{1}n → ^{3}H + ^{4}He つまり，三重水素とヘリウムとがそれぞれ1モルずつ生じることになります。1モル気体は（気体の種類にかかわらず）標準状態において，22.4 L の体積をしめますから，三重水素もヘリウムもともに22.4 L となります。

問20 解説　　　　　　　　　　　　　　　　　　　　　　　　解答　5

質量数とは中性子と陽子の数を合計したものであり，原子番号は陽子の数のことになります。

問題に与えられた反応記号だけでは中味がわかりにくいので，素粒子で表現してみます。光子（γ線など）を×，中性子を○，陽子を●と書いて表にしてみますと，

選択肢	記号	入るもの（照射されるもの）	出るもの（放出されるもの）	原子番号（陽子数）	質量数
1	(n, 2n)	○	○○	±0	−1
2	(γ, n)	×	○	±0	−1
3	(p, d)	●	○●	±0	−1
4	(^{3}He, α)	○●●	○○●●	±0	−1
5	(d, p)	○●	●	±0	+1

これを見ますと，正解が 5 であることがわかります。

問21 解説　　　　　　　　　　　　　　　　　　　　　　　　解答　1

1　炭酸カルシウムを加熱しますと，炭酸カルシウムが分解して，二酸化炭素を発します。しかし，この二酸化炭素は非放射性で放射性核種を含みません。

$$^{45}CaCO_3 \rightarrow （加熱）\rightarrow {}^{45}CaO + CO_2\uparrow$$

2　コークスで鉄鉱石を還元する反応は，製鉄所で行われる最も基本的なものですね。鉄鉱石にもいくつかの種類はありますが，典型的な Fe_3O_4 で考えてみます。

$$Fe_3O_4 + 2\,{}^{14}C \rightarrow 3Fe + 2\,{}^{14}CO_2\uparrow$$

3　熱濃硫酸中で銅は硫酸の一部を分解して二酸化硫黄を発し，自らは硫酸銅になります。

$$Cu + 2H_2{}^{35}SO_4 \rightarrow （加熱）\rightarrow Cu\,{}^{35}SO_4 + {}^{35}SO_2\uparrow + 2H_2O$$

4　硝酸ウラニルは，$UO_2(NO_3)_2$ という形をしており，酸化ウランを硝酸に溶かして得られます。これに熱中性子を照射しますと，^{235}U が誘導核分裂を起こし，質量数 72〜160 の核種に分かれます。その中には，Kr や Xe あるいは I などの放射性気体が含まれます。

5 これは単純に次のようになります。
$$2H_2{}^{18}O \to （電気分解） \to 2H_2\uparrow + {}^{18}O_2\uparrow$$

問22 [解説]   [解答 5]

1 ふっ化水素酸は HF，生石灰は $Ca(OH)_2$ となります。反応は，次のようになります。
$$2H^{20}F + Ca(OH)_2 \to Ca^{20}F_2\downarrow + 2H_2O$$

2 この反応は次のようになります。硫酸カルシウム $CaSO_4$（白色）は石こうとして用いられます。
$${}^{45}Ca(OH)_2 + H_2SO_4 \to {}^{45}CaSO_4\downarrow + 2H_2O$$

3 希塩酸中に溶けた水銀は硫化水素と反応して，硫化水銀の黒色沈殿を生じます。
$${}^{197}Hg^{2+} + H_2S \to {}^{197}HgS\downarrow$$

4 この反応は次のようになります。
$${}^{108}Ag_2SO_4 + 2HCl \to 2{}^{108}AgCl\downarrow + H_2SO_4$$

5 食塩は NaCl ですが，そのナトリウムイオンは通常はほとんど沈殿しません。つまり，ほとんど水に溶けたままなのです。

問23 [解説]   [解答 4]

これらのような反応式において，電荷は一定でなければなりません。4 の左辺はプラス1価，右辺はマイナス1価ということでつじつまが合っていません。ここは，次のように両辺ともプラスになる必要があります。
$$AB^+ + CD \to E^+ + F$$

問24 [解説]   [解答 4]

すべてを覚えることは難しいですが，代表的なものは頭に入れておきましょう。塩化物は白色が多いなど，一定の傾向が見えると思いますので，次のリストを眺めておいて下さい。

第1属：AgCl（白），$PbCl_2$（白），Hg_2Cl_2（白）
第2属：CuS（黒），CdS（黄），SnS（褐），SnS_2（黄），PbS（黒），As_2O_5（黄），As_2S_3（濃黄），Bi_2S_3（黒），Sb_2S_3（赤橙），Sb_2S_5（橙）
第3属：$Al(OH)_3$（白），$Cr(OH)_3$（緑），$Fe(OH)_3$（赤褐），$Mn(OH)_2$

（微赤）
第4属：NiS（黒），CoS（黒），MnS（肉紅），ZnS（白）
第5属：BaCO₃（白），SrCO₃（白），CaCO₃（白）

問25 解説　　　　　　　　　　　　　　　　　　　解答　3

正解は **3** となります。それぞれ，次のような沈殿反応となります。

Ⅰ：$^{51}Cr^{3+} + 3OH^- \rightarrow {}^{51}Cr(OH)_3 \downarrow$

Ⅱ：$^{65}Zn^{2+} + H_2S \rightarrow {}^{65}ZnS \downarrow + 2H^+$

Ⅲ：$^{14}CO_3^{2-} + Ca(OH)_2 \rightarrow Ca^{14}CO_3 \downarrow + 2OH^-$

Ⅳ：$^{82}Br^- + AgNO_3 \rightarrow Ag^{82}Br \downarrow + No_3^-$

問26 解説　　　　　　　　　　　　　　　　　　　解答　5

Aの価数の異なるイオンどうしは特に邪魔をするものもありませんので，同位体交換は極めて起こりやすい系です。Bも湿度 H_2O のある空気中の二酸化炭素 CO_2 は炭酸 H_2CO_3 として水や湿気を含む固体になじみやすく，そこで炭酸イオン CO_3^{2-} になりやすいので，空気中の湿気を吸いやすい炭酸ストロンチウム $SrCO_3$ と（どちらかが ^{14}C であった場合など）炭素同位体交換が起こりやすい系となっています。

Cの酢酸 CH_3COOH においては，炭素－水素結合はかなり強力なので，簡単に離れることはありません。したがって，メチル基の水素は同位体交換をほとんどしません。これに対して，COOH 基の OH 基水素は（水の OH と酸素原子込みで）同位体交換が行われやすいものです。

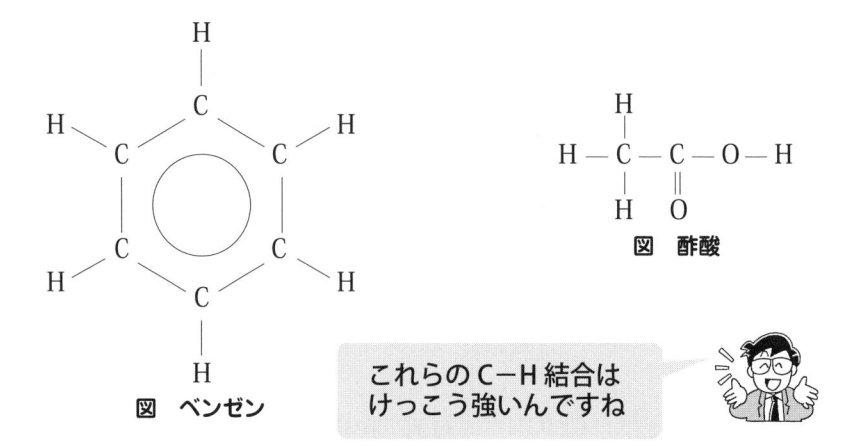

図　ベンゼン

図　酢酸

これらの C−H 結合はけっこう強いんですね

また，Dのベンゼン環水素もベンゼン環炭素との結合は強いため，同位体交換はほとんど行われません。

問27 解説　　　　　　　　　　　　　　　　　解答　4

放射線による水の分解では，次のようなものが生成します。
(1) 一次反応による生成物
イ) 励起水分子：H_2O^*
ロ) 水和電子（電子のまわりを水分子が囲む，一種の錯体です）：
　　$e^-(H_2O)_n$
(2) 二次反応による生成物
イ) 水素ラジカル：·H（水素原子核＋電子1個）
ロ) 水酸基ラジカル：·OH
ハ) 水素分子：H_2
ニ) 過酸化水素：H_2O_2
ホ) 過酸化水酸基ラジカル：HO_2·
⇒　これらの中で，·OH，H_2O_2 や HO_2· は酸化力を持っています。酸化とは（本来は名前の通り）相手に酸素を与えることですが，より拡大されて，水素を奪うこと，および，電子を奪うことも酸化に含めて考えられます。まとめて言えば，酸化数が増えることが酸化，酸化数が減ることが（その反対の）還元です。
　一般の化合物で酸素は酸化数が－2ですが，·OH と H_2O_2 の酸素は酸化数が－1（水素は基本的に＋1，一つの分子や電荷の中性な原子団は，トータルで±0）なので，これが－2になる力，つまり，相手の酸化数を増やす力を持っています。

問28 解説　　　　　　　　　　　　　　　　　解答　2

BのOH⁻，および，CのH₃O⁺などは水分子の解離によって生じますが，放射線分解では生じません。
Aの励起水分子やDの水和電子，あるいは，OHラジカルなどは，放射線分解によって生じます。

問29 [解説]   解答 2

1 記述のとおりです。
2 放射化分析は，基本的に非破壊検査です。化学分離をする必要もありません。そのままγ線スペクトロメトリーにかけて放射能を測定し，目的元素を定量できます。
3 これも記述のとおりです。
4 やはり記述のとおりです。やや紛らわしいのですが，放射化学分析では，試料に放射性核種が含まれていますので，（分析対象そのものなので）試薬あるいは指示薬という立場ではなくなります。
5 これも正しい記述です。

問30 [解説]   解答 2

まず，操作アで，塩酸により生成する沈殿は白色のAgClで，これはアンモニア水で溶解します。したがって，1および2が残り，他は捨てられます。

次に，操作イでは，酸性下で黒色沈殿となる硫化物は含まれるイオンの中ではコバルトだけです。まだ，1および2が残ります。

さらに，操作ウで煮沸したろ液には，$^{40}K^+$，$^{26}Al^{3+}$，$^{28}Mg^{2+}$が含まれることになりますが，この中で，アンモニア水で沈殿を生じるのは水酸化アルミニウムだけとなります。これで，最終的に **2** が選ばれます。

4 管理測定技術 （解答は P 226〜228 参照）

問1〜問4　省略

問5　**解説**

＜Ⅱの解説＞

与えられている1cm 線量当量率定数とは，線源から1m 離れたところの1cm 線量当量率がどれだけであるか，という意味になります。求める線源の放射能を X [MBq] としますと，0.5m 離れた位置で1cm 線量当量率は $10\mu\mathrm{Sv\cdot h^{-1}}$ であったということなので，次の式が成り立ちます。

$$\frac{0.36 \times X}{0.5^2} = 10$$

これを解いて，
$$X = 6.94 \mathrm{MBq}$$

＜Ⅲの解説＞

一辺の長さが50cm の立方体の箱の中央に ^{60}Co 線源を置きますので，表面からの距離は最短で25cm となります。その位置における1cm 線量当量率は距離の2乗に反比例しますので，次のようになります。

$$10\mu\mathrm{Sv\cdot h^{-1}} \times (0.5/0.25)^2 = 40\mu\mathrm{Sv\cdot h^{-1}}$$

これを $5\mu\mathrm{Sv\cdot h^{-1}}$ まで減弱するための鉛の厚さを計算します。まず，^{60}Co の γ 線に対する鉛の半価層1.2cm から線減弱係数 μ [cm^{-1}] を求めますと，

$$1.2\mathrm{cm} = \frac{\ln 2}{\mu} = \frac{0.69}{\mu}$$

∴
$$\mu = 0.575$$

必要な減弱のための鉛の厚さを x [cm] としますと，

$$5\mu\mathrm{Sv\cdot h^{-1}} = 40\mu\mathrm{Sv\cdot h^{-1}} \times \exp(-0.575x)$$

これを解けばよいのですが，まず40を左辺に移動して両辺の対数をとります。

$$\ln(5/40) = -0.575x$$

ここで，左辺は，

$$\ln(5/40) = \ln 8^{-1} = -\ln 2^3 ≒ -3 \times 0.693 = -2.08$$

と変形できますので，最終的に次のようになります。

$$0.575x = 2.08$$

∴

$$x ≒ 3.62\text{cm}$$

問 6 省略

5 生物学

問1 解説　　　　　　　　　　　　　　　　　　　解答　5

たんぱく質はアミノ酸から作られています。アミノ酸とは，図のメチオニンのように，アミノ基（-NH$_2$）とカルボン酸基（-COOH）を同時に分子内に持つ化合物のことです。

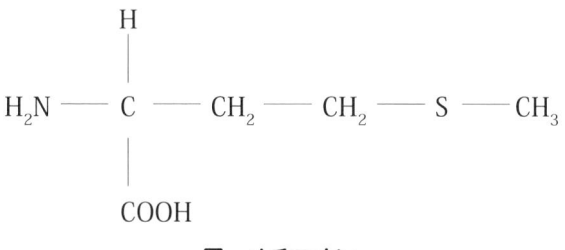

$$H_2N - \underset{\underset{COOH}{|}}{\overset{\overset{H}{|}}{C}} - CH_2 - CH_2 - S - CH_3$$

図　メチニオン

ここでは，グリシンがたんぱく質合成の解析に用いられます。その他の選択肢では，[^{51}Cr] クロム酸ナトリウムは赤血球の寿命測定に用いられ，[^{14}C] チミジンはDNA合成量の測定に，[^{13}N] アンモニアは静脈注射して心筋血流量の検査に，[^{15}O] 二酸化炭素は吸入投与して脳血流量の検査に用いられます。

問2 解説　　　　　　　　　　　　　　　　　　　解答　4

この問題では，ヒトの体重が与えられていますが，エネルギー投与 10Gy = 10J/kg と比熱 4J/(g·K) の二つの量から平均の温度上昇が計算できますので，体重はここでは関係ありません。単純に次の割り算を実行します。

$$\frac{10\text{J/kg}}{4\text{J/(g·K)}} = 2.5\text{g·K/kg} = 2.5 \times 10^{-3}\text{K} = 0.0025\text{K}$$

問3 解説　　　　　　　　　　　　　　　　　　　解答　3

DNA（デオキシリボ核酸）を構成する塩基は，アデニン，チミン，グアニン，シトシンの4種です。これらのうち，アデニンとグアニンは，プリン塩基に属し，次のように6員環と5員環が複合された形をしていて，6員環側に3つの二重結合（うち一つは5員環と共通）と5員環側には共通

のものを含んで3つの二重結合があります。

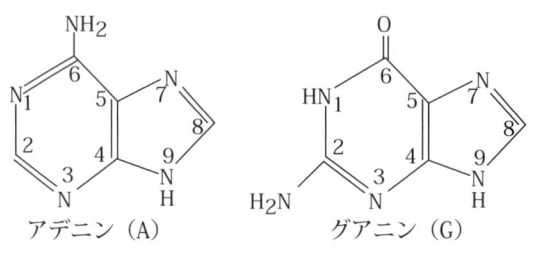

<図　プリン塩基>
アデニン（A）　　　グアニン（G）

また，チミンとシトシンは，ピリミジン塩基の仲間で，6員環構造をしています。ここでも6員環に一つの二重結合があります。

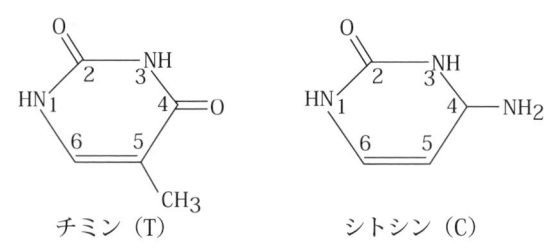

<図　ピリミジン塩基>
チミン（T）　　　シトシン（C）

本問で，3の化合物は6員環に二重結合が一つもありませんので，これはDNA塩基ではありません。チミンの6の位置にOH（水酸基）が付加した構造になっています。

問4　解説　　　　　　　　　　　　　　　　　　　　解答　2

標的としてのDNAが放射線のヒットを受けた場合の損傷には，次の2種があります。低LET放射線ほど（2）の間接作用が多くなっています。
(1) 直接作用：DNAを構成する原子が電離あるいは励起を起こし，DNA分子の損傷になる場合
(2) 間接作用：生体は70％を超える水分を含んでいますので，その水分子が電離あるいは励起した場合に生じるフリーラジカル（自由に動き回るラジカル）や酸化・還元力のある原子団がDNA分子の損傷を起こす場合

1 　高LET放射線の照射によってラジカルが多く発生しますが，その密度も大きくなりますので，ラジカルどうしの再結合によってラジカルが消滅することも多くなり，ラジカルによる間接作用の割合はむしろ小さくなります。
2 　記述のとおりです。水分子がラジカルなどに変化して起こす作用が間接作用と呼ばれています。
3 　凍結して固体になりますと，生成したラジカルの拡散による移動が大幅に制約されますので，ラジカルの働きが低下して間接作用の影響は減少します。
4 　間接作用とは，放射線照射によって水分子から生じたラジカルがDNAの損傷を引き起こすことです。
5 　X線では，間接作用の寄与は直接作用のそれのおよそ2倍程度とされています。

問5　解説　　　　　　　　　　　　　　　　　　　　　　　解答　5

確定的影響におけるしきい線量は次の表のようになっています。これらをすべて覚えることは難しいですが，よく出てくるものや死亡原因，そして，1Gy以下のものが何かなどの見方で，ある程度を把握しておかれることがよろしいでしょう。

表　確定的影響におけるしきい線量

分類	症例（しきい線量）
急性障害	・一時的不妊（男性0.15Gy，女性0.65〜1.5Gy） ・リンパ球減少（0.25Gy） ・おう吐（0.5〜1Gy） ・皮膚の初期紅斑（2Gy） ・一時的脱毛（3Gy） ・永久不妊（男性3.5〜6Gy，女性2.5〜6Gy） ・皮膚の持続的紅斑（5Gy） ・皮膚の色素沈着（3〜6Gy） ・永久脱毛（7Gy） ・皮膚の水泡形成（7〜8Gy） ・皮膚の潰瘍（10Gy） ・皮膚の慢性潰瘍（20Gy） ・死亡（骨髄死1.5Gy，腸死8〜10Gy）

晩発障害	・体内被ばくによる胚死亡（0.1Gy） ・奇形（0.15Gy） ・精神発達遅滞（0.2〜0.4Gy） ・発育遅滞（0.5〜1.0Gy） ・白内障（5Gy）

問6 解説　　　　　　　　　　　　　　　　　　　解答 2

1　正しい記述です。
2　これは誤りです。発がんなどは，潜伏期間がかなり長いものであり，確率的影響であって晩発障害でもあります。
3　正しい記述です。白内障，再生不良性貧血などは確定的影響であって晩発障害となります。
4　記述のとおりです。
5　やはり記述のとおりです。晩発障害は，局所被ばくであっても，全身被ばくであっても発生することがあります。

問7 解説　　　　　　　　　　　　　　　　　　　解答 4

1　X線とγ線とでは，エネルギーが異なりますので，損傷の頻度や程度はγ線の方が大きくなりますが，ともに高エネルギー光子（電磁波）ということで，損傷の種類はほとんど変わりません。
2　記述は誤りです。DNA損傷は，発がんにつながる染色体異常の有力な原因と考えられています。
3　化学物質による損傷においても架橋は起こりえますので，放射線損傷に特有な損傷ということではありません。
4　DNA損傷の種別に応じて，その修復の仕方も異なってきます。たとえば，除去修復においては，切り込み，除去，DNA合成，結合という手順を踏みながら，それぞれの段階で別々の酵素が働きます。これらの酵素を産生するために，別々の遺伝子が関与します。生物の仕組みというものは驚くほどうまくできているのですね。
5　高LET放射線は高エネルギーの放射線ですので，電離密度も高く，損傷の頻度も複雑さも大きくなっています。修復はしにくいです。

問8 解説 　　　　　　　　　　　　　　　　　　　解答　1

　Aの水素やCの水は不対電子を持ちませんね。記号•はラジカルということですから，B（水素ラジカル）のように，この記号が付いていれば不対電子を持ちます。ただし，Dの酸素分子は記号•が付いていませんが，実は不対電子を二つ持ちます。三重項酸素と呼ばれます。これに対して，二つの不対電子が励起すると対になることがあり，この場合の酸素分子を一重項酸素と呼んで，$^1O_2$ などと書くことがあります。ただし，この上付きの「1」は，質量数ではありませんので，誤解のないようにお願いします。

問9 解説 　　　　　　　　　　　　　　　　　　　解答　1

　それぞれの反応を完結させてみますと，次のようになります。ただし，記号•はラジカルを表すものとします。
A　$H_3O^+ + e^- \rightarrow H\cdot + H_2O$
B　$e_{aq}^- + H_2O \rightarrow OH^- + H\cdot$
C　$e_{aq}^- + H_2H^+ + \rightarrow H\cdot$
D　$OH^- + H^+ \rightarrow H_2O$

　これらにより，A，B，および，Cが水素ラジカル $H\cdot$ を発することがわかります。

問10 解説 　　　　　　　　　　　　　　　　　　解答　3

A　これは誤りの記述です。高LET放射線が照射された溶液では電離密度が高いので，比較的狭い範囲で複数の損傷が起きやすいのです。比較的狭い範囲に存在することを「局在する」といっています。
B　これは記述のとおりです。高LET放射線はラジカルが生成した時の密度が高くなり，ラジカルどうしの出会い頻度が大となって再結合することで，ラジカルが引き起こす間接作用の比率が小さくなります。
C　これも記述のとおりです。水分子の変化した物の中には，酸化性や還元性の物質や原子団もありますので，酸化的損傷（酸化される形の損傷）も起こります。
D　やはり記述のとおりです。

問11 解説 　　　　　　　　　　　　　　　　　　解答　4

1　記述のとおりです。

2　これも記述のとおりです。細胞死の場合と同様に，染色体異常発生の放射線感受性も，分裂期（M期）に高くなっています。
3　中間欠失とは，染色体の中間部分が欠失する異常であって，その両端の2ヶ所が放射線のヒットを受けるものです。
4　これは誤りです。中性子線はγ線よりもLETが高いので，DNA損傷の発生密度も高くなり，染色体異常も多く起こります。
5　記述のとおりです。末梢リンパ球を用いた線量推定法が確立されています。検出限界は0.2Gy程度とされています。

問12　解説　　　　　　　　　　　　　　　　　　　　解答　2

1　線量率を上げますと影響度も大きくなり，傾きは急になります。
2　細胞死はがん化にはつながりません。異常細胞として生存する細胞ががん化を引き起こしやすいのです。
3　記述のとおりです。これは少し難しいのですが，一般に高エネルギーの照射ほど傾きが急になることの例外として，10MeVの場合はエネルギーが高すぎて逆に影響が小さくなります（高エネルギーがそのまま吸収線量とならない場合もあることにご注意下さい）。
4　これも記述のとおりです。
5　線量率が低くなるほど細胞への影響は軽減され，傾きは緩やかになります。

問13　解説　　　　　　　　　　　　　　　　　　　　解答　2

1　2本鎖切断の方が症状として苛酷ですので，修復も大変です。修復に無理があると細胞がみなした場合にはアポトーシスによって細胞死が選択されることになります。
2　DNA損傷などが起きますと，細胞周期のチェックポイント機構で確認されて，修復を行ってから再び細胞周期を進行させます。DNAの2本鎖切断は，細胞周期の停止原因となります。
3　記述のとおりです。
4　これも記述のとおりです。非相同末端結合は，単純に切断端を結合させる修復ですので，すべての細胞周期において行われます。
5　相同的組換え修復は，対になっているDNA情報を生かした修復です。DNAの合成期とその後のあたりで行われます。

問14 解説　　　　　　　　　　　　　　　　　　　　　解答　2

1　染色体異常は，分裂期に照射された細胞に限らず，どの時期に照射を受けても発生します。染色体を観察できる時期が分裂期に限られるということはあります。
2　これが正しい記述です。細胞死の場合と同様に，染色体異常発生の放射線感受性も，分裂期（M期）に高くなっています。
3　中性子線はγ線よりもLETが高いので，DNA損傷の発生密度も高くなり，染色体異常も多く起こります。
4　高LET放射線の場合には，線量率の程度に関わらず，同じ吸収線量であれば染色体異常の程度には差が見えない傾向がありますが，低LET放射線では回復効果もあって，線量率を低くすると染色体異常の頻度は減少します。
5　放射線によっては，数の異常は起こらないとされています。

問15 解説　　　　　　　　　　　　　　　　　　　　　解答　3

細胞周期は次のようになっています。
(1) DNA合成準備期（G_1期）
(2) DNA合成期（S期）
(3) 細胞分裂準備期（G_2期）
(4) 細胞分裂期（M期）⇒さらに前期，中期，後期，終期に細分化されます。

　これらの周期の段階によって，放射線感受性も変化します。感受性が高いのは，M期とG_1期後半からS期となっています。これに対して，感受性の低いのは，S期後半およびG_1期の初期となっています。したがって，BとCが正しい記述となっています。

問16 解説　　　　　　　　　　　　　　　　　　　　　解答　4

　これらの細胞の中で，最も放射線感受性の高いものがリンパ球，逆に最も抵抗性の高いものが赤血球です。この情報で，3と4だけが候補として残ります。次に，血小板と顆粒球を比較しますと，顆粒球がリンパ球とともに白血球の仲間に属すること（図を参照して下さい）を考えますと，4が選ばれます。

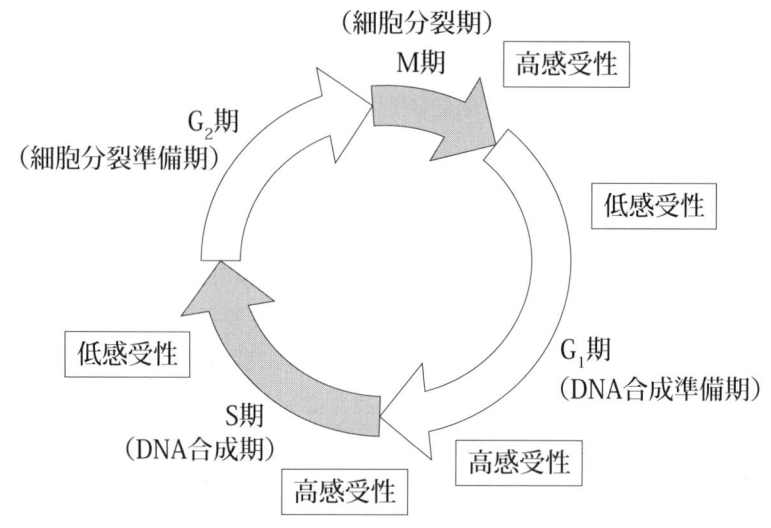

図　細胞分裂周期と放射線感受性

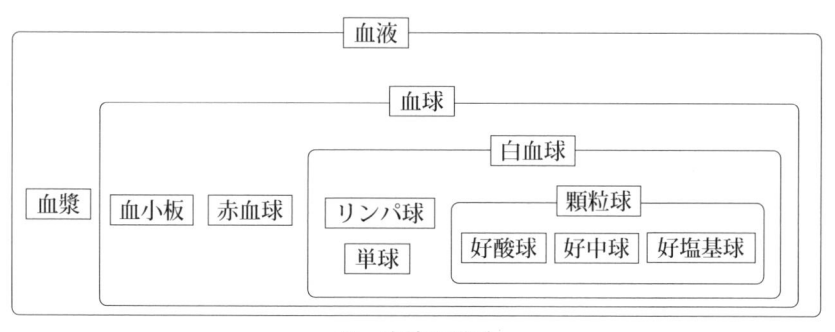

（M期 細胞分裂期：高感受性／G₂期 細胞分裂準備期／G₁期 DNA合成準備期：低感受性／S期 DNA合成期：低感受性／高感受性）

図　血液の構成

血液
- 血漿
- 血球
  - 血小板
  - 赤血球
  - 白血球
    - リンパ球
    - 単球
    - 顆粒球
      - 好酸球
      - 好中球
      - 好塩基球

問17　解説　　　　　　　　　　　　　　　　　　　　　　解答　2

1　記述のとおりです。
2　線質による違いが見られます。中性子線でより多く起こります。中性子線の方がRBE（生物学的効果比）は大きくなっています。
3　晩発性影響の代表的なもので，非常に長い潜伏期間があります。
4　原因の違いによって症状に違いが現れにくい障害ですので，非特異的といわれます。老人性白内障との違いが区別しにくいです。
5　水晶体上皮の細胞で感受性が高く，これへの影響によって起こるとされています。

問18 [解説] 解答 1

　確定的影響が，被ばく線量とともに発生頻度も症状の重篤度も増大します。これに対して，確率的影響は被ばく線量とともに発生確率が増大しますが，症状の重篤度は必ずしも増大しません。次の表を参照して下さい。脱毛と白内障は確定的影響に属しますので，1 が正解です。

表　放射線影響としきい線量

影響の種類	確定的影響	確率的影響
しきい線量	存在する	存在しないと見られている（仮定されている）
線量の増加により変化する量	発症頻度と症状（重篤度）	発生確率（重篤度は必ずしも増大しない）
症状の例	白血球の減少，皮膚の紅斑，脱毛，不妊，白内障，放射線宿酔など	がん，白血病，遺伝的影響
放射線防護の主旨	発生の防止	発生の制限

問19 [解説] 解答 5

　難しい問題ですが，こういう問題も時に出題されます。この記述はすべてが正しいものとなっています。それぞれの内容をざっと眺めておいて下さい。

問20 [解説] 解答 1

1　放射線による発がんは，内部被ばくによっても外部被ばくによっても起こります。
2　白血病が LQ モデルに適合し，その他のがん（固形がん）は L モデル（直線モデル）に適合するとされています。
3　白血病の潜伏期間は 2 年ですが，他のがん（固形がん）のそれは 10 年以上とされています。
4　記述のとおりです。データのある線量率の領域で L モデルと LQ モデルとを重ね合わせるようにしますと，それより低線量率の領域では LQ モデルの方が下に来ます。

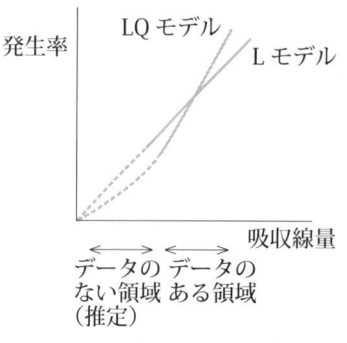

図　LモデルとLQモデル

5　記述のとおりです。ただし，白血病以外の固形がんの場合にはこれと逆の傾向となっていて，がんの好発年齢の時期に発症しますので，若い時の被ばくの方が潜伏期間は長くなっています。

問 21　解説　　　　　　　　　　　　　　　　　　　　　解答　4

急性障害と晩発障害の例を挙げます。

- 急性障害の例：前駆症状（前半に出る症状），白血球減少（リンパ球，顆粒球），赤血球減少，口内炎，血小板減少，一時的不妊，永久不妊，脱毛，皮膚紅斑，皮膚水泡，下痢，下血（消化管内に出た血液が肛門から出ること），放射性肺炎，死亡
- 晩発障害の例：白内障，再生不良性貧血，胎児奇形，放射線治療による局所障害（肺線維症，骨壊死，腸麻痺，骨髄炎など），悪性腫瘍（乳がん，白血病，悪性リンパ腫など）ただし，肺線維症は，放射性肺炎から数ヶ月で移行しますので，潜伏期間が短いことに注意が必要です。

問 22　解説　　　　　　　　　　　　　　　　　　　　　解答　2

1　記述のとおりです。
2　これは誤りです。自然放射線にも人工放射線にも，多くの種類があり，一概にどちらの RBE が高いとは言えません。
3　記述のとおりです。放射性ラドンはウラン系列に属する放射性核種 ^{222}Rn で，α 壊変して ^{216}Po になります。

ラドンは希ガスに属する気体ですので，吸気に入り込んで内部被ばくに至ります。世界平均の自然放射線被ばく2.4mSv/年の全内部被ばくのうち，ラドンおよびその娘核種の放射能による被ばくは1.3mSv/年とされています。ラドンの娘核種は気体ではありませんが，ラドンの状態で体内に入ってから壊変すると体内に残ることになります。

4　これも記述のとおりです。高度10,000mの上空は通常のジェット飛行機が飛行する高さですので，これによる被ばくもあります。

5　ウラン系列に希ガスに属する気体のラドンがあり，大気中に存在します。これが吸気から体内に入ることでの寄与率が高くなっています。

問23　解説　　　　　　　　　　　　　　　　　解答　3

1　内部被ばくでは，核種やその化学形（化合物の形）によって沈積しやすい臓器が決まっているもの（臓器親和性）があり，ほぼ全身に均等に影響を与えるというのは言いすぎです。ごく一部の核種はほぼ全身に均等に影響を与えるものもあります。

2　放射線の内部被ばくの影響としては，生殖腺への遺伝的影響に限りません。生殖腺以外にも多くの臓器に影響する可能性があります。

3　ラドンの放射能と喫煙の害の相乗作用が認められています。ここの相乗作用とは，それぞれの要因単独の場合の和よりも，両方が同時に影響した場合のほうが大きいことをいいます。

4　経口摂取される核種の中で，被ばく線量の最大のものは ^{14}C ではなくて，^{40}K となっています。

5　RBEと生物学的半減期との間には，直接の関係はありません。

問24　解説　　　　　　　　　　　　　　　　　解答　3

1　半減期とは，指数関数的に減少する量が半分になるまでの時間のことで，λ を減衰定数として次のような関係があります。量を x，初期の量を x_0 としますと，

$$x = x_0 \exp(-\lambda t)$$

この減衰定数は，放射性核種の壊変においては，壊変定数と呼ばれるものです。半減期を T と書きますと，

$$x = x_0 (1/2)^{t/T}$$

となりますが，これらを等しいと置いて，式を整理しますと，次のように

なります。

$$\lambda T = \ln 2$$

2　有効半減期 T_{eff}，生物学的半減期 T_b，および，物理学的半減期 T_p の間には次の関係があります。

$$\frac{1}{T_{\text{eff}}} = \frac{1}{T_p} + \frac{1}{T_b}$$

この問題では，$T_{\text{eff}} \fallingdotseq T_b$ というのですから，$1/T_p \fallingdotseq 0$ ということで，物理学的半減期が極めて長いことになります。

3　生物学的半減期も，物理学的半減期も，有効半減期より短いです。有効半減期を T_{eff}，生物学的半減期を T_b，物理学的半減期を T_p と書きますと，次の式が成り立つことは重要ですので，覚えて下さい。

$$\frac{1}{T_{\text{eff}}} = \frac{1}{T_p} + \frac{1}{T_b}$$

T_b も T_p も T_{eff} よりは短いことは次のように確認できます。T_b についてだけ計算してみますが，次のようになります。上の式より，

$$T_{\text{eff}} = \frac{T_p T_b}{T_p + T_b}$$

ですから，$T_p \neq 0$ として

$$T_b - T_{\text{eff}} = T_b - \frac{T_p T_b}{T_p + T_b} = \frac{T_b(T_p + T_b) - T_p T_b}{T_p + T_b} = \frac{T_b^2}{T_p + T_b} > 0$$

つまり，常に次の関係が成り立ちます。T_p についても同様です。

$$T_b > T_{\text{eff}}$$

4　組織によって化合物との親和性（蓄積のしやすさ）は異なりますので，それにより生物学的半減期も，組織や臓器によって異なります。

5　化学的形態とは，化合物の形のことで，生物学的半減期は，同じ放射性核種であってもその化学的形態によって差異が出てきます。体内に残りやすいかどうかは，元素（原子核種）というよりも，臓器との化学的な親和性で決まってきます。

問 25　解説　　　　　　　　　　　　　　　　　解答　2

1　胎内被ばくにおいては，確定的影響（胚死亡，奇形，精神発達遅滞）も確率的影響（発がん，遺伝的影響）も起こる可能性があります。
2　胚の死亡は確定的影響です。そのしきい線量は，0.1Gy とされています。
3　記述のとおりです。着床前期の被ばくでは，胚死亡になるかならないかの二者で all or none といわれます。
4　小頭症は原爆による胎内被ばくで認められた唯一の奇形で，一般に胎生 2～8 週の時期の被ばくで起こりやすいとされていますが，15 週くらいまで観察されることもあったようです。
5　簡便法ですが，被ばく線量推定値としては，母親の子宮線量が用いられます。

問 26　解説　　　　　　　　　　　　　　　　　解答　1

1　原爆被ばく者の調査では，発がんの増加が認められてはいますが，ヒトの遺伝的疾患の統計的に有意な増加は確認されていません。
2　遺伝的影響は確率的影響で，その場合に線量に依存するものは発生頻度です。重篤度（症状の重さ）は，線量に依存しません。
3　記述のとおりです。倍加線量は一定の影響を起こすための線量ですから，それが大きいということは起こりにくいことを意味します。
4　これも記述のとおりです。
5　これも正しい記述です。精子は成熟細胞となっており，代謝活性は低下しています。そのため突然変異状態に至る過程での回復機能を持っていません。

問 27　解説　　　　　　　　　　　　　　　　　解答　2

1　記述のとおりです。
2　放射線量が増加しても症状の重篤度が変わらないのは，確率的影響の場合です。確定的影響の場合には，線量の増加とともに重篤度も増大します。
3　記述のとおりです。かなり多くの細胞が損傷を受けた場合において，機能障害が発現するレベルがしきい線量となります。
4　記述のとおりです。精原細胞の，とくに後期のものの致死感受性が高

くなっています。
5　腸のクリプト細胞の細胞死は，体液バランスを失調することにつながります。

問28　解説　　　　　　　　　　　　　　　　　　　　　　解答　1
1　放射線の確定的影響では，しきい線量が存在します。誤りです。
2　記述のとおりです。発がんは確率的影響です。
3　不妊は確定的影響です。男性では精子数の一時的減少が0.15Gy程度で見られますが，女性の一時的不妊は0.65～1.5Gy程度とされています。
4　記述のとおりです。永久不妊のしきい線量は，男性で3.5～6Gy程度，女性で2.5～6Gy程度とされています。
5　これも記述のとおりです。

問29　解説　　　　　　　　　　　　　　　　　　　　　　解答　4
1　記述のとおりです。
2　これも記述のとおりです。高LET放射線照射の場合には，間接効果が発揮しにくくなります。
3　記述のとおりです。ラジカル・スカベンジャーとはラジカル捕捉剤ともいわれ，ラジカルを不活性化し除去します。
4　細胞内には，活性酸素を不活性化する酵素は存在します。たとえば，カタラーゼは過酸化水素を不活性化（無毒化）します。
5　正しい記述です。

問30　解説　　　　　　　　　　　　　　　　　　　　　　解答　2
　放射性の不活性気体が大気中に放出されて，いまだ拡散していない段階では，比較的高濃度で空気中に漂う状態となります。この状態を放射性プルームといいます。これは，皮膚を通じた体外被ばくと肺に吸入されての体内被ばくの両方の被ばくの可能性があります。この状態を（単純な体外被ばくや体内被ばくと区別して）サブマージョンと呼んでいます。
　この問題では，2の放射性クリプトン ^{85}Kr（安定核種は，^{80}Kr，^{82}Kr，^{83}Kr，^{84}Kr，^{86}Kr）が希ガス（不活性気体）で，サブマージョンの恐れがあります。

6 関係法令

問1 解説　　　　　　　　　　　　　　　　　　　　　解答　5

　放射線障害防止法と同様に，その基礎となる原子力基本法についても，その第1条（目的）や第2条（基本方針），あるいは第3条（定義）については，このような形での出題がありえます。似たような語句であっても，法律で用いられているものが正しいとされますので，文章を繰り返し読んでおいて下さい。
　原子力基本法の，正しい第1条～第3条を次に示します。ご確認下さい。

（目的）
第1条　この法律は，原子力の研究，開発及び利用を推進することによって，将来におけるエネルギー資源を確保し，学術の進歩と産業の振興とを図り，もって人類社会の福祉と国民生活の水準向上とに寄与することを目的とする。

（基本方針）
第2条　原子力の研究，開発及び利用は，平和の目的に限り，安全の確保を旨として，民主的な運営の下に，自主的にこれを行うものとし，その成果を公開し，進んで国際協力に資するものとする。

（定義）
第3条　この法律において次に掲げる用語は，次の定義に従うものとする。
一　「原子力」とは，原子核変換の過程において原子核から放出されるすべての種類のエネルギーをいう。
二　「核燃料物質」とは，ウラン，トリウム等原子核分裂の過程において高エネルギーを放出する物質であって，政令で定めるものをいう。
三　「核原料物質」とは，ウラン鉱，トリウム鉱その他核燃料物質の原料となる物質であって，政令で定めるものをいう。
四　「原子炉」とは，核燃料物質を燃料として使用する装置をいう。ただし，政令で定めるものを除く。
五　「放射線」とは，電磁波又は粒子線のうち，直接又は間接に空気を電離する能力をもつもので，政令で定めるものをいう。

問2 解説　　　　　　　　　　　　　　　　　　　　解答　3

1. 数量では 3.7 MBq $< 1 \times 10^7$ Bq $= 10$ MBq，濃度では 380 Bq/g $= 3.8 \times 10^2$ Bq/g $< 1 \times 10^4$ Bq/g と，いずれも下限値を下回っていますので規制対象にはなりません。
2. 数量では 74 MBq $> 1 \times 10^7$ Bq $= 10$ MBq と基準値を上回っていますが，濃度では 740 Bq/g $< 1 \times 10^4$ Bq/g と下限値を下回っていますので規制対象にはなりません。
3. 濃度では 370 Bq/g $> 1 \times 10^2$ Bq/g $= 100$ Bq/g，数量では 37 kBq $> 1 \times 10^4$ Bq $= 10$ kBq といずれも基準値を超えていますので，放射線障害防止法の規制対象になります。
4，5　プルトニウム及びその化合物並びにウラン，トリウム等の核燃料物質や核原料物質は原子力基本法に規定する核原料物質に該当しますので，令第1条第1項第1条によって，除外されています。規制対象にはなりません。原子炉等規制法の規制を受けることになります。

問3 解説　　　　　　　　　　　　　　　　　　　　解答　4

問題の図において，4の「登録認証機関等に関する規則」が，核燃料物質等に関する政令の下に位置していますが，これは誤りですね。「登録認証機関に関する規則」は，放射線障害防止法の体系に属します。具体的には放射線障害防止法施行令の下に位置すべきものです。

正しい体系図を以下に示します。

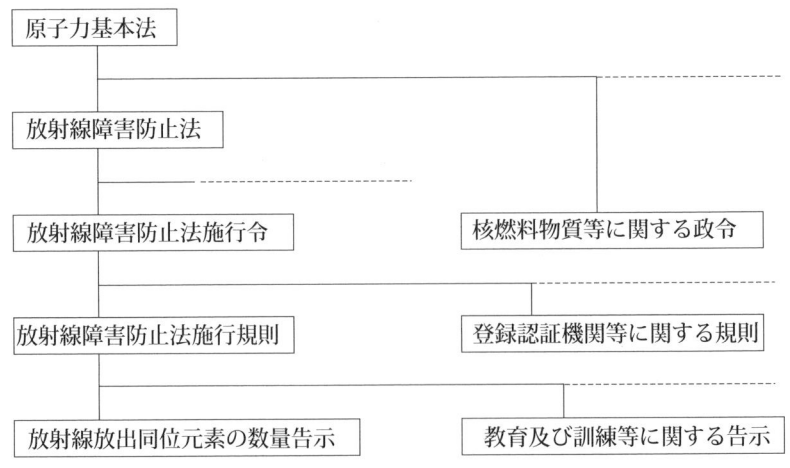

図　放射線障害防止法の周辺の法律体系

問4　解説　　　　　　　　　　　　　　　　　　　解答　3
1，2　いずれも記述のとおりです。
3　放射性同位元素とは，放射線を放出する同位元素及びその化合物並びにこれらの含有物であって，機器に装備されているものも含まれることになっています。
4，5　これらも記述のとおりです。

問5　解説　　　　　　　　　　　　　　　　　　　解答　4
1～3　いずれも記述のとおりです。
4　放射性同位元素によって汚染される物の表面の放射性同位元素の密度は，表面密度限度の1/5ではなくて，1/10を超える場所とされています。
5　正しい記述です。

問6　解説　　　　　　　　　　　　　　　　　　　解答　1
1　皮膚の等価線量は，4月1日を始期とする1年間について500mSvとされています。
2～5　いずれも記述のとおりです。

問7　解説　　　　　　　　　　　　　　　　　　　解答　5
1　法第3条第2項第1号です。
2　法第3条第2項第5号です。
3　法第3条第2項第6号です。
4　法第3条第2項第7号です。
5　廃棄の場所及び方法は規定されておりません。

問8　解説　　　　　　　　　　　　　　　　　　　解答　5
いずれも申請書に添えなければならない書類として放射線障害防止法に定められているものに該当します。
A　則第2条第2項第2号です。
B　則第2条第2項第3号です。
C　則第2条第2項第4号です。
D　則第2条第2項第5号です。

問9 解説　　　　　　　　　　　　　　　　　　　解答　4
1　記述のとおりです。[法第10条第2項]
2　これも記述のとおりです。[法第10条第1項]
3　やはり記述のとおりです。構造，材料及び貯蔵能力が変わらないということであれば，変更許可手続きは不要です。[法第10条第2項]
4　「予定使用期間」は，変更の許可申請を必要とする項目に含まれていません。変更の許可申請そのものが必要ありません。
5　放射性同位元素装備機器の使用場所の変更は「軽微な変更」に該当します。「軽微な変更」の届出で済みます。変更許可手続きは不要です。

問10 解説　　　　　　　　　　　　　　　　　　　解答　1
かなり出題されている問題です。1の氏名又は名称がないと話になりませんね。使用の目的は記載事項ですが，2の使用の方法は記載事項ではありません。そのほかの3〜5もいずれも規定されていません。
　許可使用者に交付される許可証に記載される事項は以下のとおりです。

> 一　許可の年月日及び許可の番号
> 二　氏名又は名称及び住所
> 三　使用の目的
> 四　放射性同位元素の種類，密封の有無及び数量又は放射線発生装置の種類，台数及び性能
> 五　使用の場所
> 六　貯蔵施設の貯蔵能力
> 七　許可の条件（条件付き許可の場合に付されます。）

問11 解説　　　　　　　　　　　　　　　　　　　解答　5
1　再交付の申請は，必要になった時点で再交付申請をすればよいので，その期限は設けられていません。
2　届出の規定はありません。再交付の申請は期限に関係なく必要になった時点で行えばよいことになっています。
3　許可証を汚したり，損じたり，あるいは，失った場合の再交付申請は義務ではありません。そのままにしておいても法的な違反にはなりません[則第14条]。
4　あらためて許可をとり直さなければならないという規定はありませ

ん。必要になった時点で再交付申請をすればよいのです。
5　法第12条および則第14条第1項に規定されています。

問12　解説　　　　　　　　　　　　　　　　　　　解答　3

1　「使用の目的」の変更になります。変更許可手続きが必要です［法第10条第2項］。
2　使用施設の扉を増設する場合は，放射性同位元素の技術的な本質に関係ないと思われるかもしれませんが，「使用施設の構造」の変更に当たりますので，変更許可手続きが必要です。
3　放射性同位元素装備機器の使用場所の変更は「軽微な変更」に該当します。「軽微な変更」の届出で済みます。変更許可手続きは不要です。
4　管理区域の拡大は（工事を伴わない場合に）軽微な変更として扱われますが，管理区域を縮小する場合は「使用許可に係る変更の許可」が必要となります。誤解しやすいと思われますので，ご注意下さい。管理区域の縮小は，それまで管理区域であった場所が外れることになりますので，その部分をどのようにするのかを法的に明確にすることが必要になるでしょう。
5　「廃棄施設の設備の変更」に該当しますので，変更許可手続きが必要です［法第10条第2項］。

問13　解説　　　　　　　　　　　　　　　　　　　解答　2

A　変更の予定時期を記載した書面は必要です［則第9条第2項第1号］。
B　変更の許可申請の時点で放射線障害予防規程の変更の内容を記載した書面を添付する必要はありません。放射線障害予防規程の変更の内容は，変更後30日以内に届け出ることになっています［法第21条第3項］。
C　変更に係る使用施設，貯蔵施設及び廃棄施設の主要部分の縮尺を付けた断面詳細図も必要です［則第9条第2項第2号］。
D　工事を伴うときは，その予定工事期間及びその工事期間中放射線障害の防止に関し講ずる措置を記載した書面も規定されています［則第9条第2項第3号］。

問14 解説   解答 5

　以下に示すようなものが，あらかじめ許可証を添えて届け出ることで（許可を得ることなく）変更が可能です。Cの「放射性同位元素使用室に緊急避難用の退出路を確保するための扉の増設」は施設の構造の変更になりますので，軽微なものにはなりません。

> （変更の許可を要しない軽微な変更）
> 則第9条の2　法第10条第2項ただし書の文部科学省令で定める軽微な変更は，次の各号に掲げるものとする。
> 一　貯蔵施設の貯蔵能力の減少
> 二　放射性同位元素の数量の減少
> 三　放射線発生装置の台数の減少
> 四　使用施設，貯蔵施設又は廃棄施設の廃止
> 五　使用の方法又は使用施設，貯蔵施設若しくは廃棄施設の位置，構造若しくは設備の変更であって，文部科学大臣の定めるもの
> 六　放射線発生装置の性能の変更であって，文部科学大臣の定めるもの

　これらの他にも，管理区域の拡大などが告示で示されています。「軽微」のレベルを把握しておいて下さい。

問15 解説   解答 3

A　販売業の廃止の届出は，廃止の日から60日以内ではなくて，30日以内に行わなければならないとされています。
B　これは正しい記述です。販売業の廃止の届出に当たって，提出する廃止届は正本1通と副本2通となっています。則第25条第5項の規定です。
C　新たに販売の業を開始するに当たっての手続きには必要ですが，廃止の届出書に登記事項証明書の写しを添えるという規定はありません。
D　販売の業の廃止の旨を届け出る先は，文部科学大臣が指定する機関ではなくて，文部科学大臣そのものです。

問16 解説   解答 3

1　記述のとおりです。常識で考えてもわかりますが，貯蔵施設のうち放射性同位元素を経口摂取するおそれのある場所での飲食及び喫煙は禁止されています［則第17条第1項第5号］。

2 貯蔵施設の目に付きやすい場所に，放射線障害の防止に必要な注意事項を掲示することも定められています［則第17条第1項第8号］。
3 密封された放射性同位元素を耐火性の構造の容器に入れて保管する場合にあっては，使用施設ではなくて，貯蔵施設において行うこととされています。［則第17条第1項第1号］。
4 貯蔵箱について，放射性同位元素の保管中にこれをみだりに持ち運ぶことができないようにするための措置を講ずることが定められています［則第17条第1項第3号の2］。
5 放射性同位元素の保管は，容器に入れ，かつ，貯蔵室又は貯蔵箱（密封された放射性同位元素を耐火性の構造の容器に入れて保管する場合にあっては貯蔵施設）において行うことと定められています［則第17条第1項第1号］。

問17 解説　　　　　　　　　　　　　　　　　　　　　解答　2

正解は，2 となります。則第15条第1項第2号のイ及びロの規定です。その規定を掲げますと，次のようになります。

　密封された放射性同位元素を使用する場合には，その放射性同位元素を常に次に適合する状態において使用すること
　イ　正常な使用状態においては，開封又は破壊されるおそれのないこと
　ロ　密封された放射性同位元素が漏えい，浸透等により散逸して，汚染するおそれのないこと

問18 解説　　　　　　　　　　　　　　　　　　　　　解答　2

正解は，2 となります。「運搬に関する確認等」を定めた法第18条の第1項からの出題です。（　A　）の委託も依頼も意味は似たようなものと思われるかもしれませんが，法律で使われている用語が正しいものとなります。

正しい語句を入れて法律の条文を再掲しますと，次のようになります。

　許可届出使用者，届出販売業者，届出賃貸業者及び許可廃棄業者並びにこれらの者から運搬を委託された者は，放射性同位元素又は放射性同位元素によって汚染された物を工場又は事業所の外において運搬する場合（船舶又は航空機により

> 運搬する場合を除く。）においては，文部科学省令（鉄道，軌道，索道，無軌条電車，自動車及び軽車両による運搬については，運搬する物についての措置を除き，国土交通省令。）で定める技術上の基準に従って放射線障害の防止のために必要な措置を講じなければならない。

問19 解説　　　　　　　　　　　　　　　　　　　解答 5

1. 常識的に当たり前のことではありますが，記述のとおりです［則第18条の5第1号，及び，則第18条の4第1号］。
2. 記述のとおりです。則第18条の5第1号，及び，則第18条の4第2号の規定です。
3. 記述のとおりです。則第18条の5第4号です。
4. 周囲の圧力を60kPaとした場合に，放射性同位元素の漏えいがないこととされています［則第18条の5第5号］。
5. 「表面密度限度を超えないこと」ではなくて，「輸送物表面密度を超えないこと」とされています。「輸送物表面密度」は「表面密度限度」の10分の1に相当します。

問20 解説　　　　　　　　　　　　　　　　　　　解答 2

則の別表（標識）の問題です。設備の種類に対して，下の文字が異なりますので，ご注意下さい。時々出題されます。
A　正しい標識になっています。
B　排気設備では，「許可なくして立ち入りを禁ず」ではなくて，「許可なくして触れることを禁ず」と表示することになっています。
C　正しい標識になっています。
D　廃棄作業室の場合，マークの下に文字は入らないこと（空白）になっています。

問21 解説　　　　　　　　　　　　　　　　　　　解答 2

A　届出使用者が，氏名又は名称を変更しようとする場合には，あらかじめ届け出る必要はありません。変更の日から30日以内に届け出れば良いことになっています［法第3条の2第3項］。
B　これは記述のとおりです［法第3条の2第2項］。

C　法人の住所変更も，あらかじめ届け出る必要はありません。変更の日から30日以内に届け出れば良いことになっています［法第3条の2第3項］。
D　これは法人の住所とは異なって，実際に使用する場所を変更することになりますので，事後の届出では許されません。あらかじめ，その旨を文部科学大臣に届け出なければなりません［法第3条の2第2項］。

問22 解説　　　　　　　　　　　　　　　　　　　　　解答　1
1　放射性同位元素の使用に従事する者の役職を記載するという規定はありません。
2　則第24条第1項第1号ヌの規定です。
3　則第24条第1項第1号タの規定です。
4　則第24条第1項第1号イの規定です。
5　則第24条第1項第1号ロの規定です。

問23 解説　　　　　　　　　　　　　　　　　　　　　解答　5
放射線障害防止法に定められている教育及び訓練の項目は，挙げられている4項目がすべて該当します。正解は，5の「ABCDすべて」となります。

問24 解説　　　　　　　　　　　　　　　　　　　　　解答　4
1　記述のとおりです。則第22条第1項第3号ニの規定です。健康診断を行わなければならない場合として，「実効線量限度又は等価線量限度を超えて放射線に被ばくし，又は被ばくしたおそれのあるとき」とあります。
2　これも記述のとおりです［則第22条第2項第2号］。
3　やはり記述のとおりです。則第22条第1項第3号ハの規定です。
4　挙げられている内容の他に，「作業の内容，放射線障害の有無その他の放射線による被ばくの状況」についても行うことになっています［則第22条第1項第5号ロ］。
5　記述のとおりです［則第22条第2項第3号］。

問 25 解説　　　　　　　　　　　　　　　　　　　　解答　1

正解は，1 となります。正しい語句を入れて文章を示しますと，次のようになります。

> 1　許可届出使用者等は，その所持する放射性同位元素若しくは放射性同位元素によって汚染された物又は放射線発生装置に関し，地震，火災その他の災害が起こったことにより，放射線障害のおそれがある場合又は放射線障害が発生した場合においては，直ちに，文部科学省令で定めるところにより，応急の措置を講じなければならない。
> 2　前項の事態を発見した者は，直ちに，その旨を警察官又は海上保安官に通報しなければならない。

問 26 解説　　　　　　　　　　　　　　　　　　　　解答　1

正解は，1 となります。法第36条の2第1項に対応した則第32条第2項第1号及び第2号の条文です。正しい語句を入れて条文を整理しますと，次のようになります。

> 法第36条の2第1項の文部科学省令で定める期間は，次の各号に掲げる者の区分に応じ，当該各号に定める期間とする。
> 一　放射線取扱主任者であって放射線取扱主任者に選任された後定期講習を受けていない者（放射線取扱主任者に選任される前一年以内に定期講習を受けた者を除く。）放射線取扱主任者に選任された日から一年以内
> 二　放射線取扱主任者（前号に掲げる者を除く。）前回の定期講習を受けた日から三年（届出販売業者及び届出賃貸業者にあっては五年）以内

問 27 解説　　　　　　　　　　　　　　　　　　　　解答　3

法第36条の2（定期講習）第1項に基づき，則第32条第1項第2号に次の表現で講習を受ける義務を除外されています。すなわち，「表示付認証機器のみを販売又は賃貸する者並びに放射性同位元素等の運搬及び運搬の委託を行わない者を除く」とされています。

問 28 解説　　　　　　　　　　　　　　　　　　　　解答　5

1～4　これらの規定はありません。

5 則第21条第1項第5号に規定されています。

問29 解説　　　　　　　　　　　　　　　　　　解答　5
1 記述のとおりです。法第30条第1項第2号の規定です。
2 これも記述のとおりです。法第30条第1項第1号の規定です。
3 やはり記述のとおりです。法第30条第1項第9号の規定です。
4 これも記述のとおりです。法第30条第1項第5号の規定です。
5 この記述は誤りです。使用の廃止の日から「3月間」ではなくて，「30日間」となっています［法第30条第1項第7号に基づく則第28条］。

問30 解説　　　　　　　　　　　　　　　　　　解答　1
　正解は，1となります。法第14条第2項の条文です。同条第1項と紛らわしいので，かなり難しい問題になりますが，第1項と第2項をまとめて示しますと，次のようになります。

> （使用施設等の基準適合命令）
> 第14条　文部科学大臣は，使用施設，貯蔵施設又は廃棄施設の位置，構造又は設備が文部科学省令で定める技術上の基準に適合していないと認めるときは，その技術上の基準に適合させるため，許可使用者に対し，使用施設，貯蔵施設又は廃棄施設の移転，修理又は改造を命ずることができる。
> 2　文部科学大臣は，貯蔵施設の位置，構造又は設備が文部科学省令で定める技術上の基準に適合していないと認めるときは，その技術上の基準に適合させるため，届出使用者に対し，貯蔵施設の移転，修理又は改造を命ずることができる。

結果はいかがでしたか

さくいん

【数字】

- ^{11}C（炭素） ……………………… 49, 63
- ^{11}CO$_2$ …………………………………… 63
- ^{14}C ………………………………………… 49
- ^{18}F（ふっ素） ………………………… 106
- ^{18}O（酸素） …………………………… 106
- ^{19}F ………………………………………… 106
- ^{125}I（よう素） …………………………… 67
- ^{125}I ……………………………………… 125
- ^{137}Cs（セシウム） ……………… 30, 53, 125
- ^{137m}Ba（バリウム） ……………………… 52
- ^{140}Ba ……………………………………… 52, 67
- ^{140}La（ランタン） ………………………… 52
- ^{147}Pm（プロメチウム） ……………… 52, 125
- ^{147}Sm（サマリウム） ……………………… 52
- ^{192}Ir（イリジウム） …………………… 125
- 1cm 線量当量率定数 ……………………… 129
- 1標的1ヒットモデル ………………………… 74
- 1標的多重ヒットモデル ……………………… 74
- 1本鎖切断 …………………………………… 84
- ^{2}H（デュートリウム） ………………… 18
- ^{204}Tl（タリウム） ……………………… 125
- ^{205}Tl ……………………………………… 43
- ^{206}Pb（鉛） ……………………………… 43
- ^{207}Pb ……………………………………… 43
- ^{208}Pb ……………………………………… 43
- ^{218}Po ……………………………………… 53
- ^{220}Rn（ラドン） ………………………… 49
- ^{222}Rn ……………………………………… 49, 56
- ^{224}Ra（ラジウム） ……………………… 49
- ^{226}Ra ……………………………………… 49, 53
- ^{226}Ra − Be ……………………………… 125
- ^{232}Th（トリウム） ………………… 43, 54
- ^{235}U（ウラン） …………………………… 43
- ^{237}Np（ネプツニウム） ………………… 43
- ^{238}U（ウラン） …………………………… 43
- ^{241}Am（アメリシウム） ………………… 125
- ^{241}Am − Be ……………………………… 125
- ^{252}Cf（カリホルニウム） …………… 27, 125
- 2本鎖切断 …………………………………… 84
- ^{3}H（トリチウム） ……………………… 18
- ^{3}H$_2$O ……………………………………… 63
- ^{3}H$_2$ ガス ………………………………… 63
- 3.5 日効果 ………………………………… 95
- 37% 線量 …………………………………… 78
- ^{36}Cl（塩素） ………………………… 49, 66
- ^{45}Ca（カルシウム） ……………………… 67
- $4n$ ………………………………………… 43
- $4n+1$ ……………………………………… 43
- $4n+2$ ……………………………………… 43
- $4n+3$ ……………………………………… 43
- ^{55}Fe（鉄） ……………………………… 125
- 5員環 ………………………………………… 75
- ^{60}Co（コバルト） ……………………… 125
- ^{60}Fe ……………………………………… 65
- ^{6}Li ………………………………………… 63
- ^{63}Ni（ニッケル） ……………………… 125
- ^{67}Ga（ガリウム） ……………………… 106
- ^{67}Zn（亜鉛） …………………………… 107
- 6員環 ………………………………………… 75
- ^{76}As（ひ素） …………………………… 67
- ^{82}Br$_2$（臭素） …………………………… 64
- ^{85}Kr（クリプトン） …………………… 125
- ^{90}Sr（ストロンチウム） …………… 52, 125
- ^{90}Y（イットリウム） …………………… 53
- ^{99}Mo（モリブデン） …………………… 53

^{99}Tc（テクネチウム） ················ 53
^{99m}Tc ························· 53

【アルファベット】

A
A（アンペア） ····················· 16
a（アト） ························ 51
As（ひ素） ······················· 44
Au（金） ························ 48

B
Ba^{11}CO$_3$ ························ 63
Bi（ビスマス） ···················· 48
Br$_2$ ·························· 64

C
C（クーロン） ····················· 17
c（センチ） ······················ 51
CaWO$_4$ ························ 115
cd（カンデラ） ···················· 16
Ce^{3+} ·························· 118
Ce^{4+} ·························· 118
CsI ··························· 115
C$_2$H$_5$NH$_2$ ························ 65
C$_2$H$_5$NO$_2$ ························ 65

D
D（デュートリウム） ················ 18
d（デシ） ························ 51
da（デカ） ······················· 51
DNA ··························· 74
DNA 損傷 ······················ 84
D_q ··························· 79
D_0 ··························· 79
D 37 値 ························ 78

E
E（エクサ） ······················ 51
e$^-$（電子） ······················ 85
e$_{aq}^-$ ··························· 85
eV（エレクトロンボルト） ··········· 18

F
f（フェムト） ····················· 51
Fe^{2+} ·························· 119
Fe^{3+} ·························· 119
FePO$_4$ ························· 66
Fe$_3$O$_4$ ·························· 66

G
G（ギガ） ······················· 51
Ge（ゲルマニウム） ················ 44
GM 管式 ························ 116
G$_1$ 期 ·························· 87
G$_1$ 期チェックポイント ············ 87
G$_1$ ブロック ···················· 87
G$_2$ 期チェックポイント ············ 87
G2 ブロック ···················· 87

H
h（ヘクト） ······················ 51
h（プランク定数） ················ 17
H$^+$ ··························· 85
H· ··························· 85
H$_2$O$^+$ ·························· 85
H$_2$O$_2$ ·························· 86
H$_3$O$^+$ ·························· 85

K
K（ケルビン） ···················· 16
k（キロ） ························ 51
kg（キログラム） ·················· 16

さくいん 285

L

LD50 ································ 95
LET ································· 79
LiI ································· 115
LQ モデル ·························· 99

M

M（メガ）··························· 51
m（ミリ）···························· 51
m（メートル）······················ 16
mol ································· 16
M 期 ································ 87

N

N（ニュートン）··················· 17
n（ナノ）···························· 51
n（中性子）························· 24
NaI ································· 115
NaI(Tl) シンチレータ ··········· 115
Nb（ニオブ）······················· 44
No（ノーベリウム）··············· 44

O

OH⁻ ································ 85
OH· ································ 85

P

P（ペタ）···························· 51
p（ピコ）···························· 51
p（陽子）···························· 24
PET 診断 ·························· 106
PLD 回復 ·························· 90
Pm（プロメチウム）·············· 48
Po（ポロニウム）·················· 48

R

RBE ································ 79

RNA ································ 74

S

s（秒）······························· 16
Sb（アンチモン）·················· 44
SI 単位系 ·························· 16
Sn（すず）·························· 44
S 期 ································· 87
S 期チェックポイント ··········· 87

T

T（トリチウム）··················· 18
T（テラ）···························· 51
Tc（テクネチウム）··············· 48
TLD ································ 121

U

u（原子質量単位）················ 19

V

V（ボルト）························· 17

Y

Y（ヨタ）···························· 51
y（ヨクト）························· 51

Z

Z（ゼタ）···························· 51
z（ゼプト）························· 51
ZnS ································· 115

ギリシャ文字

α 壊変 ························ 23
α 線 ·························· 25
α 放射体 ····················· 49
β^+（陽電子）················· 24
β^-（陰電子）················· 24

β^+ 壊変	23
β^- 壊変	23
β 壊変	23
γ 線スペクトロメトリー	69
μ（マイクロ）	51
ν（ニュートリノ）	24
$\bar{\nu}$（反ニュートリノ）	24

記号

↑（気体になって系外へ）	66
↓（固体になって系外へ）	66
(d, p) 反応	49
(d, 2n) 反応	49
(n, p) 反応	49
(n, γ) 反応	49
(n, 2n) 反応	49
(p, n) 反応	49
(p, α) 反応	49
(α, n) 反応	125
(α, 4n) 反応	49
(γ, n) 反応	49
[^{11}C] 標識化合物	63
[^{11}C] メチオニン	106
[^{13}N] アンモニア	106
[^{14}C] エチルアミン	65
[^{14}C] ニトロエチル	65
[^{15}O] 二酸化炭素	106
[^{18}F] フルオロデオキシグルコース	106
[^{67}Ga] クエン酸ガリウム	106

あ

悪性黒色腫	92
アクチニウム系列	43
アクチノイド元素	44
アスタチン	44
アストロバイオロジー	83
亜致死損傷	90
圧延鋼材	125
厚さ計	125
アデニン	75
アト	51
アニリン	51
アボガドロ数	17
アポトーシス	87
アルカリ金属	44
アルカリ土類金属	44
安定核種	48
安定型異常	91
安定同位体	48
アンペア	16

い

硫黄族	44
硫黄分析計	125
イオン対	120
イットリウム	53
遺伝的影響	104
井戸型	118
印加電圧	117
インターロック装置	125
陰電子放出	26

う

ウィルツバッハ法	63
ウェル型	118
宇宙生物学	83
ウラン	133
ウラン系列	43
ウラン鉱	133
ウンウンセプチウム	44
運動エネルギー保存則	27
運動量	17
運動量保存則	25

さくいん

え

液体水銀	68
エクサ	51
エタノール	65
エチルアミン	65
塩化マグネシウム	67
塩酸	65
塩酸第二鉄水溶液	65
円筒型	118

お

おう吐	101
悪心（おしん）	101
汚染検査室	137
親核種	52

か

海上保安官	157
回復時間	116
壊変定数	45
壊変平衡	53
壊変様式	25
壊変率	46
潰瘍	95
カウ	53
カウント数	117
化学作用	118
核異性体転移	23
核壊変	23
核原料物質	133
核種	17
確定的影響	81, 104
核燃料物質	133
核反応	23, 49
確率的影響	81, 104
下限数量	135
下限濃度	135

き

過酸化水素	86
ガスクロマトグラフ用ECD	125
ガス増幅作用	114
数え落とし	117
活性酸素	108
荷電子	21
加熱アニーリング	121
カルコゲン元素	44
カルシウム	67
間期死	87
関係法令	131
還元反応	119
環状染色体	91
間接作用	88
間接電離放射線	72
カンデラ	16
管理区域	137, 154
管理測定技術	113

ギガ	51
器官形成期	104
器官発生期	104
奇形	104
希釈効果	89
軌道電子捕獲壊変	23
基本単位	16
逆位	91
逆印加電圧	118
逆同位体希釈分析法	69
キャリアガス	126
キュリー夫人	31
競合過程	23
強酸	67
共沈剤	63
許可使用者	142
許可証	142

許可廃棄業者	146
巨細胞	93
キロ	51
キログラム	16
銀	66
金属水銀	68

く

クーロン力	34
グアニン	75
空気中濃度限度	138
空乏層	118
クリック	75
クリプト	98
グルコース	106
クロマチン	93

け

蛍光	121
蛍光X線装置	125
蛍光物質	115
警察官	157
けいれん発作	95
下血	95
血小板	96
煙感知器	125
下痢	95
ケルビン	16
原子	16
原子核	16
減弱関数	127
原子質量単位	19
原子力	133
原子力基本法	132
原子炉	133
現像核	120

こ

コークス	67
高LET放射線	79
合格基準	10
合格発表	10
高感受性間期死	87
後弓反張	95
光子	33
格子欠陥	121
高純度ゲルマニウム検出器	118
光速	18
高速中性子	34
酵素懸濁液	89
好中球	96
光電子増倍管	121
光度	16
紅斑	98
後方散乱現象	125
広領域型	118
光量子	17
固型化，固型化材料	137
骨塩定量分析装置	125
黒化金属粒子	119
黒化作用	120
コッククロフト・ワルトン型加速装置	136
骨髄死	95
ゴム手袋	126
コロニー形成法	90
コンプトン散乱	36
コンプトン電子	36

さ

サーベイメータ	114
サイクロトロン	136
再交付申請書	142
再生不良性貧血	31
細胞周期	87

細胞周期依存性	87	重水素	18
作業箇所	123	充てん気体	114
作業者	123	自由電子	121
サマリウム	52	重篤度	99
三重水素	18	腫瘍シンチグラフィー	106
酸素効果	102	消化管死	95
散乱型	125	消化管上皮	98
		使用施設	138
		消滅放射線	32

し

シート状	121	初期紅斑	98
ジェネレータ	53	食塩水	68
紫外線吸収	119	シングルエスケープピーク	115
紫外線吸収分光光度計	119	シンクロサイクロトロン	136
時間	16	シンクロトロン	136
始期	139	震せん（震顫）	95
しきい線量	81	シンチレーション式	114
しきい値	79, 104	真の計数率	116
試験科目	6		
試験時間	6	## す	
試験地	7	スーパーオキシドラジカル	110
試験日	7	水素	18
指示薬	69	水素化アルミニウムリチウム	65
実効線量限度	138	水素ラジカル	85
質量	16	水素結合	75
質量減弱係数	32	水酸化第二鉄	62
質量数	17	水酸化鉄(Ⅲ)	62
時定数	128	水酸化ナトリウム	65
シトシン	75	水酸基ラジカル	85
自発性分裂	26	水分計	125
姉妹染色分体交換	91	水和電子	85
シャーレ	90	水泡	98
弱酸	67	スカベンジャー	62
写真作用	119	ストロンチウム	53, 66
写真乳剤	119	スラブ	125
臭化銀	120	スラブ位置検出装置	125
重荷電粒子	37		
しゅう酸	65		

せ

- 正規分布 ……………………… 122
- 精原細胞 ……………………… 92
- 精細胞 ………………………… 92
- 精子 …………………………… 92
- 静止質量 ……………………… 17
- 静止質量エネルギー ………… 17
- 精神発達遅滞 ………………… 104
- 生存日数 ……………………… 94
- 生存率曲線 …………………… 90
- 生体影響 ……………………… 79
- 製鉄工程 ……………………… 125
- 生物学的半減期 ……………… 105
- 生物学 ………………………… 71
- 精母細胞 ……………………… 92
- 政令 …………………………… 133
- セシウム ……………………… 53
- ゼタ …………………………… 51
- 赤血球 ………………………… 96
- ゼプト ………………………… 51
- セリウムイオン ……………… 119
- セリウム線量計 ……………… 119
- 線エネルギー付与 …………… 79
- 全計数率 ……………………… 123
- 線減弱係数 …………………… 32
- 潜在的致死損傷 ……………… 90
- 染色質 ………………………… 93
- 染色体異常 …………………… 91
- 全身被ばく …………………… 100
- 潜像 …………………………… 120
- 潜伏期間 ……………………… 100
- 繊毛細胞 ……………………… 98
- 線量－生存率曲線 …………… 79

そ

- 総カウント数 ………………… 122
- 相互作用 ……………………… 32
- 造血死 ………………………… 95
- 増殖死 ………………………… 90
- 相対標準偏差 ………………… 129
- 組織荷重係数 ………………… 99
- 速中性子 ……………………… 34
- 阻止能 ………………………… 79
- 素粒子 ………………………… 17

た

- ターゲット核 ………………… 63
- 第一鉄イオン ………………… 119
- 第1種放射線取扱主任者免状 … 151
- 第3種放射線取扱主任者免状 … 152
- 胎児期 ………………………… 104
- 大食細胞 ……………………… 93
- 胎生期 ………………………… 104
- 胎内被ばく …………………… 103
- 第二鉄イオン ………………… 119
- 第2種放射線取扱主任者免状 … 151
- 多重標的1ヒットモデル ……… 74
- 多重標的多重ヒットモデル …… 74
- たばこ量目制御装置 ………… 125
- 多標的1ヒットモデル ………… 74
- 多標的多重ヒットモデル ……… 74
- ダブルエスケープピーク …… 115
- タングステン酸カルシウム … 115
- 炭酸カルシウム ……………… 67
- 炭酸水素ナトリウム ………… 65
- 炭酸バリウム ………………… 67
- 弾性衝突 ……………………… 27
- 担体 …………………………… 62
- 端部欠失 ……………………… 91
- 断面積 ………………………… 32
- 単離 …………………………… 53

ち

- チェックポイント …………… 87

チオ硫酸ナトリウム ……………………… 67
致死感受性 …………………………… 81, 100
窒息現象 …………………………………… 116
チミン ……………………………………… 75
中枢神経死 ……………………………… 100
中性子 ………………………………… 17, 34
超ウラン元素 ……………………………… 70
潮解性 …………………………………… 118
腸死 ……………………………………… 95
腸腺窩 …………………………………… 98
直接電離放射線 …………………………… 72
直線－二次曲線モデル …………………… 99
直線加速装置 …………………………… 136
貯蔵施設 …………………………… 138, 143
貯蔵能力 ………………………………… 143
貯蔵室 …………………………………… 144
貯蔵箱 …………………………………… 144

て

定期講習 ………………………………… 155
デオキシリボース ………………………… 75
デオキシリボ核酸 ………………………… 74
デカ ……………………………………… 51
テクネチウム ……………………………… 53
デシ ……………………………………… 51
鉄 ………………………………………… 66
鉄鉱石 …………………………………… 67
鉄線量計 ………………………………… 119
デュートリウム …………………………… 18
テラ ……………………………………… 51
電荷 ……………………………………… 17
転座 ……………………………………… 91
電子対生成 ……………………………… 32
電子対生成断面積 ………………………… 33
電磁放射線 …………………………… 32, 72

電子捕獲壊変 ……………………………… 23
電子捕獲型検出器 ……………………… 125
点突然変異 ……………………………… 91
電場 …………………………………… 17, 33
電離箱式 ………………………………… 114
電離箱式サーベイメータ ……………… 114
電流 ……………………………………… 16

と

同位体 …………………………………… 18
同位元素 ………………………………… 18
同位体希釈分析法 ………………………… 69
透過型 …………………………………… 125
等価線量限度 …………………………… 138
凍結保存 ………………………………… 63
盗取 ……………………………………… 157
同重体 …………………………………… 17
同中性子体 ……………………………… 17
特性 X 線 ………………………………… 23
特定許可使用者 ………………………… 146
届出使用者 ……………………………… 146
届出賃貸業者 …………………………… 146
届出販売業者 …………………………… 146
トリウム …………………………… 54, 133
トリウム系列 ……………………………… 43
トリウム鉱 ……………………………… 133
トリチウム ……………………………… 17
トリチウム化合物 ………………………… 63
トリチウムガス …………………………… 63
トリチウム標識化合物 …………………… 63
貪食細胞 ………………………………… 93

な

長さ ……………………………………… 16
鉛 …………………………………… 32, 44
鉛板 ……………………………………… 123

に

二次紅斑	98
乳剤	120
妊娠可能女子	139

ぬ

ヌクレオチド	75
ヌクレオチド鎖	75

ね

熱蛍光作用	120
熱蛍光線量計	121
熱ルミネッセンス作用	121
熱ルミネッセンス物質	120
熱力学的温度	16

の

脳血流量	107

は

倍加線量	97
排気管	138
排気口	138
廃棄作業室	138
廃棄事業所	146
廃棄施設	138, 146
排気浄化装置	138
排気設備	138
廃棄物貯蔵施設	138, 146
廃棄物詰替施設	138
敗血症	95
配置転換	154
排風機	138
破壊検査	69
バックグラウンド計数率	123
速い中性子	34
バリウム	53, 66

半価層	32, 123
半減期	30, 42
反射型	125
反跳合成法	63
販売所	146

ひ

ピコ	51
非再生系	92
ひ酸ナトリウム	67
ビスマス	44
ヒット	73
ヒットモデル	73
ヒット理論	73
飛程	37
非同位体担体	62
ヒドロキシルラジカル	110
ビニールシート	124
非破壊検査	69
非破壊検査装置	125
皮膚	139
比放射能	65
非密封 RI	146
秒	16
標識化合物	63, 106
表示付特定認証機器	146
表示付認証機器	157
表示付認証機器使用者	146
表示付認証機器届出使用者	146
標準偏差	122
標的理論	73
表面密度限度	138
糜爛（びらん）	98
ピリミジン塩基	76

ふ

ファン・デ・グラーフ型加速装置	136

不安定型異常	91	報告徴収	157
フィルムバッジ	120	放射化	62
フェムト	51	放射化学	62
不活性化	89	放射化分析	69
不感時間	116	放射性核種	47
物質量	16	放射性沈殿	65
物理学的半減期	105	放射性同位元素	132
不燃材料	144	放射性同位体	69
プラズマ発生装置	136	放射線	133
プラトー期	90	放射線感受性	81, 92
プラトー状態	90	放射線業務従事者	123, 138
プランク定数	17	放射線施設	138
フリーラジカル	84	放射線宿酔	100
プリン塩基	76	放射線障害防止法	135, 146
プレーナ型	118	放射線生物作用	72
プロメチウム	52	放射線取扱主任者	6, 151
分解時間	116	放射線発生装置	132
分岐壊変	52	放射能	42
分子死	95	放射分析	69
分配比	64	放射平衡	51
分裂死	87	保健指導	154
分裂遅延	87	保持担体	62
		捕捉剤	62
へ		ポリエチレンシート	124
ベータトロン	136	ホルダー	120
平均致死線量	79, 90	ポロニウム	53
平板型	118		
ヘクト	51	**ま**	
ベクレル	51	マイクロ	51
ペタ	51	マイクロトロン	136
ヘリウム原子核	25	マウス	95
ペレット状	121	マクロファージ	93
変圧器型加速装置	136	孫娘核種	52
		麻痺	95
ほ			
ポアソン確率	73	**み**	
ポアソン分布	73	見かけの計数率	117

水－有機溶媒抽出系	64	よう素酸カリウム	67
水イオンラジカル	85	陽電子放射断層撮影診断	106
密度計	125	ヨクト	51
密封点線源	129	ヨタ	51
ミリ	51		
ミルキング	53		

ら

ラジウム …………………… 49
ラジオグラフィー …………… 125
ラドン ………………………… 49, 53
ランタン ……………………… 53

む

無機シンチレータ …………… 115
娘核種 ………………………… 52
無名数 ………………………… 51

り

リチウム化合物 ……………… 63
リボ核酸 ……………………… 74
硫化亜鉛 ……………………… 115
硫酸 …………………………… 67
硫酸セリウム ………………… 119
粒子線 ………………………… 72
粒子放射線 …………………… 72
りん酸 ………………………… 66, 75
りん酸第二鉄 ………………… 66
リンパ球 ……………………… 93, 96

め

メートル ……………………… 16
メガ …………………………… 51
眼の水晶体 …………………… 139
免疫担当細胞 ………………… 93

も

モリブデン …………………… 53
モル …………………………… 16
文部科学大臣 ………………… 142

れ

励起型 ………………………… 125
レベル計 ……………………… 125

ろ

ロッド状 ……………………… 121

ゆ

有機シンチレータ …………… 115
有効半減期 …………………… 105

わ

ワトソン ……………………… 75

よ

よう化カリウム ……………… 67
よう化セシウム ……………… 115
よう化ナトリウム …………… 115
よう化リチウム ……………… 115
陽子 …………………………… 17

さくいん 295

MEMO

MEMO

MEMO

MEMO

著者　福井 清輔（ふくい せいすけ）

略歴と資格
福井県出身，東京大学工学部卒業，および，同大学院修了，工学博士

主な著作
- 「わかりやすい エックス線作業主任者 合格テキスト」(弘文社)
- 「わかりやすい 第1種放射線取扱主任者 合格テキスト」(弘文社)
- 「わかりやすい 第2種放射線取扱主任者 合格テキスト」(弘文社)
- 「はじめて学ぶ 環境計量士（濃度関係）」(弘文社)
- 「はじめて学ぶ 環境計量士（騒音・振動関係）」(弘文社)
- 「基礎からの環境計量士 濃度関係 合格テキスト」(弘文社)
- 「基礎からの環境計量士 騒音・振動関係 合格テキスト」(弘文社)

実力養成！ 第1種放射線取扱主任者 重要問題集	
著　　者	福井　清輔
印刷・製本	亜細亜印刷株式会社
発　行　所	株式会社 弘文社　〒546-0012 大阪市東住吉区中野2丁目1番27号　☎ (06)6797-7441　FAX (06)6702-4732　振替口座 00940-2-43630　東住吉郵便局私書箱1号
代　表　者	岡崎　達

落丁・乱丁本はお取り替えいたします。

表 元素の周期表

族\周期	1	2	3	4	5	6	7	8	9	10	11	12	13	14	15	16	17	18
1	1 H 水素																	2 He ヘリウム
2	3 Li リチウム	4 Be ベリリウム											5 B ホウ素	6 C 炭素	7 N 窒素	8 O 酸素	9 F フッ素	10 Ne ネオン
3	11 Na ナトリウム	12 Mg マグネシウム											13 Al アルミニウム	14 Si ケイ素	15 P リン	16 S 硫黄	17 Cl 塩素	18 Ar アルゴン
4	19 K カリウム	20 Ca カルシウム	21 Sc スカンジウム	22 Ti チタン	23 V バナジウム	24 Cr クロム	25 Mn マンガン	26 Fe 鉄	27 Co コバルト	28 Ni ニッケル	29 Cu 銅	30 Zn 亜鉛	31 Ga ガリウム	32 Ge ゲルマニウム	33 As ヒ素	34 Se セレン	35 Br 臭素	36 Kr クリプトン
5	37 Rb ルビジウム	38 Sr ストロンチウム	39 Y イットリウム	40 Zr ジルコニウム	41 Nb ニオブ	42 Mo モリブデン	43 Tc テクネチウム	44 Ru ルテニウム	45 Rh ロジウム	46 Pd パラジウム	47 Ag 銀	48 Cd カドミウム	49 In インジウム	50 Sn スズ	51 Sb アンチモン	52 Te テルル	53 I ヨウ素	54 Xe キセノン
6	55 Cs セシウム	56 Ba バリウム	57-71 ランタノイド (下記別表)	72 Hf ハフニウム	73 Ta タンタル	74 W タングステン	75 Re レニウム	76 Os オスミウム	77 Ir イリジウム	78 Pt 白金	79 Au 金	80 Hg 水銀	81 Tl タリウム	82 Pb 鉛	83 Bi ビスマス	84 Po ポロニウム	85 At アスタチン	86 Rn ラドン
7	87 Fr フランシウム	88 Ra ラジウム	89-103 アクチノイド (下記別表)	104 Rf ラザホージウム	105 Db ドブニウム	106 Sg シーボーギウム	107 Bh ボーリウム	108 Hs ハッシウム	109 Mt マイトネリウム	110 Ds ダームスタチウム	111 Rg レントゲニウム	112 Cn コペルニシウム	113 Uut ウンウントリウム	114 Uuq ウンウンクアジウム	115 Uup ウンウンペンチウム	116 Uuh ウンウンヘキシウム	117 Uus ウンウンセプチウム	118 Uuo ウンウンオクチウム

ランタノイド系列	57 La ランタン	58 Ce セリウム	59 Pr プラセオジム	60 Nd ネオジム	61 Pm プロメチウム	62 Sm サマリウム	63 Eu ユーロピウム	64 Gd ガドリニウム	65 Tb テルビウム	66 Dy ジスプロシウム	67 Ho ホルミウム	68 Er エルビウム	69 Tm ツリウム	70 Yb イッテルビウム	71 Lu ルテチウム
アクチノイド系列	89 Ac アクチニウム	90 Th トリウム	91 Pa プロトアクチニウム	92 U ウラン	93 Np ネプツニウム	94 Pu プルトニウム	95 Am アメリシウム	96 Cm キュリウム	97 Bk バークリウム	98 Cf カリホルニウム	99 Es アインスタイニウム	100 Fm フェルミニウム	101 Md メンデレビウム	102 No ノーベリウム	103 Lr ローレンシウム

アミカケ部の元素は、単核種元素（安定な核種が1種類のみ）です。